木质纤维素基炭材料的制备及其性能研究

郝素芬 石艳峰 著

化学工业出版社
·北京·

内容简介

本书是一本面向学生、研究人员及非专业人士的入门书籍。书中系统介绍了利用木质纤维素制备生物炭的各类方法、改性技术及其结构与性能特征。重点探究了水热碳化、热解等工艺对材料形貌、组成和孔隙结构的影响，以及如何通过化学活化、金属盐改性等手段提升材料性能。书中还深入阐述了功能化生物炭及纤维素炭微球在染料和抗生素吸附中的高效应用，详细分析了其吸附机理、动力学及再生性能。本书内容全面，为想深入了解该领域的读者提供了全方位参考；具有前沿视角，提出了科学前沿新见解，阐述了研究与应用新理念；兼具实用导向性，为其在环境治理中的进一步研究与应用提供了重要参考与发展思路。

图书在版编目（CIP）数据

木质纤维素基炭材料的制备及其性能研究 / 郝素芬，石艳峰著. -- 北京 : 化学工业出版社，2026. 3.
ISBN 978-7-122-49744-4

Ⅰ. TQ424.1

中国国家版本馆 CIP 数据核字第 20269ST322 号

责任编辑：吕佳丽
责任校对：边　涛　　　　装帧设计：张　辉

出版发行：化学工业出版社
（北京市东城区青年湖南街13号　邮政编码100011）
印　　装：北京天宇星印刷厂
710mm×1000mm　1/16　印张6¾　字数114千字
2026年3月北京第1版第1次印刷

购书咨询：010-64518888
售后服务：010-64518899
网　　址：http://www.cip.com.cn
凡购买本书，如有缺损质量问题，本社销售中心负责调换。

定　　价：68.00元

前言

木质纤维素原料是一种来源丰富、可持续利用和可再生的绿色生物质资源，在新型工业中有着巨大的应用潜力。使用木质纤维素材料，特别是来源丰富的农业和林业的生物质废弃物制备生物炭材料，有助于降低对石化资源的过度依赖。利用水热碳化法（HTC）在温和条件下生成的炭材料具有芳香结构和丰富的含氧官能团（例如—COOH和—OH）。因此，木质纤维素基生物炭不仅能深入开发合成吸附剂、光催化材料、储能材料和磁性碳复合材料等先进功能性富炭材料，而且具有固碳减排和治理环境的双重效益优势。因此，深入研究HTC过程中炭材料化学结构的演化途径和反应机制对于利用生物质废弃物及其衍生物制备可控碳及碳复合材料具有重大意义。本文基于以下主要研究结果写作而成。

第一，为揭示不同木质纤维素结构在水热转化过程中性能和官能团等的变化规律，分别针对灌木材、阔叶材和针叶材选用了三种具有代表性的林业产物，即沙柳、杨木和樟子松作为研究对象。在不同温度（210～290℃）、不同时间（2～48h）、物料比［（质量比）水：生物质］=30：1、加热速率为5℃·min^{-1}的水热条件下，制备得到固体碳化产物。深入地系统性地分析其形貌特征、化学结构、碳转化性能、表面官能团以及能量特性。在整个水热碳化过程中均产生大小不均的炭微球和非球形碳化产物。化学组成不同致使碳化产物略有不同。固体产物理论高热值（HHV）、固定率、能量密度和碳含量随着反应强度的增加而增加，而挥发物含量、质量产率和比表面积随之降低。樟子松水热碳化产物（ZC*n*）在三种木质纤维素中最为突出，能量密度为1.60，固碳率为54.34%，HHV值为30.65MJ·kg^{-1}，碳含量为78.393%。FTIR和13CNMR分析证明最终产物主要为聚芳香结构，烷基碳次之，并生成新的羧基和羰基官能团。吸附阳离子染料亚甲基蓝（MB）比阴离子染料刚果红（CR）的能力强。

第二，以樟子松木质纤维素作为生物炭原料，过硫酸钾作为辅助剂，金属类化合物（$FeCl_3$、$CuSO_4$、钛酸四丁酯、Na_2MoO_4、$ZnCl_2$、$Al(NO_3)_3$、$NiSO_4$和$MgCl_2$）作为主要改性剂，通过一步热液化学改性方法制备不同种类的生物炭，钼盐改性后的生物炭（Mo-ZC）对四环素的吸附效果最好。其吸附等温线拟合符合Langmuir模型，最高吸附容量为249.72mg·g^{-1}。5次吸附循环后吸附效率仅仅降低8%。不同金属盐改性生物炭对有机染料MB和CR的吸附能力均有不同程度的提升，其中Zn-ZC和Mo-ZC对MB和CR的吸附量最大分别为464.606mg·g^{-1}、401.127mg·g^{-1}和234.177mg·g^{-1}、173.503mg·g^{-1}。

第三，从杨木中提取纤维素，在不同温度（180～270℃）、不同时间（2～24h），以及不同纤维素用量（0.5～2g）条件下利用HTC制备炭微球。最佳制备工艺条件是温度250℃、时间4～12h、纤维素用量为1g。制备的炭微球形貌光滑、分散性好、尺寸可控。随着温度的升高和处理时间的延长，获得产物的碳含量高达约75%，理论高热值HHV为29.4MJ·kg^{-1}，H/C和O/C之比降低，芳构化程度提高。炭微球表面所具有的丰富的含氧官能团通过静电吸附、氢键吸附、π-π力和范德华力有效促进CS210对MB的吸附能力，最大吸附量为536.64mg·g^{-1}。将吸附MB后的材料直接热解用于导电材料，吸附MB后的材料N含量比原始材料提高了4倍，900℃热解后导电率提升1.2倍。

另外，在此需说明的是，本专著是基于以下项目完成的：

1. 鄂尔多斯市博士、博士后科研第一层次拟资助项目“生物质碳材料的制备及性能研究”；

2. 鄂尔多斯职业学院科研创新团队项目“稀土/凹土/生物质多功能材料的开发与应用”；

3. 鄂尔多斯市引进人才科研专项项目“生物质多功能材料的制备与应用”。

著者
2025.6.30

目录

第一章　生物炭材料的概述 / 1

第二章　木纤维生物质水热碳化产物的制备及性能研究 / 11

第三章　木质纤维素炭材料功能化改性及吸附性能研究 / 39

第一章

生物炭材料的概述

科学技术的进步促进了现代工业的发展，也推动着经济的快速增长，使人们的生活质量得到了显著的提高，随之而来的是资源需求的不断增长，环境污染问题的日益严重。例如，全球水资源需求以每年约1%的速度增长，而可用水量只占水资源总量的约0.14%。80%的城市和工业废水在未经预处理的情况下排放，这些废水含有有毒金属、合成染料、有机分子、抗生素和其他致癌化学品，直接或间接恶化了可用水源，严重危害着水生动物，并被确定为人类致癌物。

炭材料在人类文明进步中发挥着重要作用。近几十年来，各种新型炭材料，包括富勒烯、碳纳米管和石墨烯，在能源、传感、催化和环境治理等领域的巨大应用潜力被深入开发。由于具有独特的结构，这些新型炭材料通常表现出优于传统炭材料的性能。然而，它们主要用不可再生的石油和煤产品合成，如甲烷（CH_4）、乙烯（C_2H_4）和其他石化产品；并且，合成过程通常需要苛刻且能量密集的条件，如电弧放电、激光烧蚀、化学气相沉积、热解等，以上都会加剧能源短缺、气候变暖、环境污染等一系列问题。因此，迫切需要开发新方法，利用环境友好、低成本、易于扩展、可再生和可持续的碳源和先进的工艺，制备新型炭材料来解决水资源污染问题。生物质能源占全球一次能源供应的9.5%和可再生能源供应的69.5%，成为仅次于煤炭、石油和天然气的第四大能源。我国是世界上最大的能源消费国和最大的生物质资源储备国家之一。生物质能源最大的来源之一是农业生产过程中的残余物，包括林业、造纸厂、家具业、锯木厂等的废料，以及种植业的农作物秸秆、畜牧业废弃物等。

生物质来源广泛、环保、可持续，是有广阔应用前景的炭材料。用其制备具有不同形貌（炭微球、碳纳米线、碳膜、三维碳纳米材料等）和不同孔结构（无序和有序结构）的炭材料，在许多领域（吸附、电容器、催化剂、太阳能电池、传感器等）都有着巨大的应用价值。

1.1 生物炭的制备方法

使用最广泛的生物炭生产方法是热化学方法。典型的包括水热碳化、热解碳化、微波碳化和水热腐殖化，这些方法已在水污染处理、空气净化、储能、传感、催化、土壤修复以及燃料发电等领域得到广泛的应用。

1.1.1 水热腐殖化

腐殖物质（HS）是土壤中影响微生物生命活动不可或缺的一部分。Yang团队分析了自然环境中腐殖物质的形成过程和原理，并模拟在温和水热条件下（100～230℃）自然煤化的化学过程。利用全新的水热腐殖化（HTH）技术，从废弃生物质中合成的人工腐殖物质（A-HS）与天然提取物具有高度相似性，含有丰富的含氧官能团（即酚羟基、羧基等）和浓缩的大分子结构。此方法的优点是受生物质含水量的影响较小，能充分利用资源，操作简单，CO_2排放量少；缺点是产生的废液回收难度大，直接排放会污染环境。

1.1.2 热解碳化

热解碳化是指生物质在惰性气氛下的热分解，在300～900℃的温度范围内产生生物炭、生物油和合成气。根据温度和加热速率，热解可分为慢速热解和快速热解。慢速热解加热速率低（5～7℃·min^{-1}），停留时间长（＞1h）；快速热解加热速率高（100～200℃·min^{-1}），停留时间短（＜10s）。缓慢热解产生的生物炭的碳含量较高，快速热解获得的生物油含量较高。此方法的优点是高效灵活，缺点是不适用于高水分生物质废弃物，对设备要求高，条件较为苛刻。

1.1.3 微波碳化

微波碳化是生物质通过应用微波源发出的高能辐射进行加热。在180～200℃温度范围内产生生物炭。此方法具有许多优点，如以非接触方式加热、快速启动和结束的加热过程、更高的加热速率、更高的安全性等，但是缺乏顶级反应堆设计。

1.1.4 水热碳化法

水热碳化法（HTC）是一种纳米材料制造技术。该技术的温度范围在150～350℃之间，压力范围在2～10MPa之间，加工时间为数小时，所有参数取决于所需的最终产品以及所用材料的类型。通常，水热碳化法使用水作为溶剂和催化剂，因为其电离常数较高，因此具有较高的水解速率。该技术是一种湿法工艺，无须对原料进行干燥，从而使HTC工艺更节能。与其他方法相比，水热碳化法具有以下优势：①节能，无须干燥，直接碳化含水量高的生物质；②绿色环保，产生的有害气体很少；③表面具有丰富的含氧官能团，可通过改性制备功能性材料。HTC制备的炭材料已被广泛应用于碳固存、土壤改良、生物燃料生产、空气和水污染修复等方面。

1.2 生物炭材料的来源及结构特性

生产生物炭的原料可分为三类：非传统材料、农林业废弃物、工业副产品和城市生活废弃物，其中最常使用的是农林业废弃物，其来源广泛，储量惊人，成本相对较低。这些农林废弃物的主要成分为木质纤维素，是由芳香聚合物（木质素）和碳水化合物聚合物（半纤维素和纤维素）组成的，其中含量分别为纤维素40%～50%（质量分数，下同）、半纤维素20%～40%和木质素10%～40%。芳香聚合物木质素是由甲氧基化苯基丙烷结构组成的三维无定形聚合物。三种主要的肉桂醇单体，即对香豆醇（H，对羟基苯基）、芥子醇（S，丁香基）和松柏醇（G，愈创木酰）形成木质素。大分子进一步交联形成各种网络结构。一般而言，软木木质素（针叶木基）由G组成，硬木木质素包含G和S，草本生物量由G、S和H组成。单体含量的不同会导致聚合过程中形成不同的键，主要包括单元之间的C—C键（5-5，β-5，β-β，β-1）、醚键（β-*O*-4、4-*O*-5、α-*O*-4），以及其他环键类型（二苯并二氧基和螺二烯酮等）。

碳水化合物聚合物纤维素是一种线性单糖，以纤维二糖为单位，由β-1,4-糖苷键形成，含有结晶区和非结晶区，结晶区难以水解或分解。半纤维素链大多与一种或多种纤维素纤维交联，以在纤维素微纤维之间形成非共价键。与纤维素的结晶和线性结构相比，半纤维素仅由非晶相组成，耐热性低，因此，在生物质HTC期间首先发生水解。

Sevilla等人在220～250℃的温度范围、不同生物质量浓度条件下对纤维素进行水热碳化来生产高度官能化的炭材料。这种物质的形成基本上遵循脱水过程的路径，类似于先前观察到的葡萄糖、蔗糖或淀粉的水热转化。形成的材料由炭微球（尺寸2～5μm）的团聚体组成，并从化学角度推断其形成机理。如图1-1所示，固体产物由缩合苯环的小簇组成，在核心处与氧形成稳定的基团（即醚、醌、吡喃酮），而外壳具有更多的活性/亲水性氧官能团（即羟基、羰基、羧基、酯），木质素的耐热性高于纤维素和半纤维素，在水热碳化过程中作为骨架，有利于石墨碳的形成。

Guo等人通过比较全纤维素和木粉衍生炭材料的结构、化学和热性能，研究去除木质素对生物炭的影响。在210～230℃下持续9h，从全纤维素HTC中获得的生物炭与基于木粉的合成产物相比，全纤维素生物炭材料样品表现出更高的碳含量和热稳定性，煤化程度更高，化学成分更复杂。这些结果表明，在没有木质素屏蔽作用的情况下，全纤维素更容易被分解和水热化，木质素的去除有利于提高生物质中多糖转化为生物炭的速率和效率，这也进一步说明木质素的耐热性高于纤维素和半纤维素（SEM图像及反应机理见图1-1）。

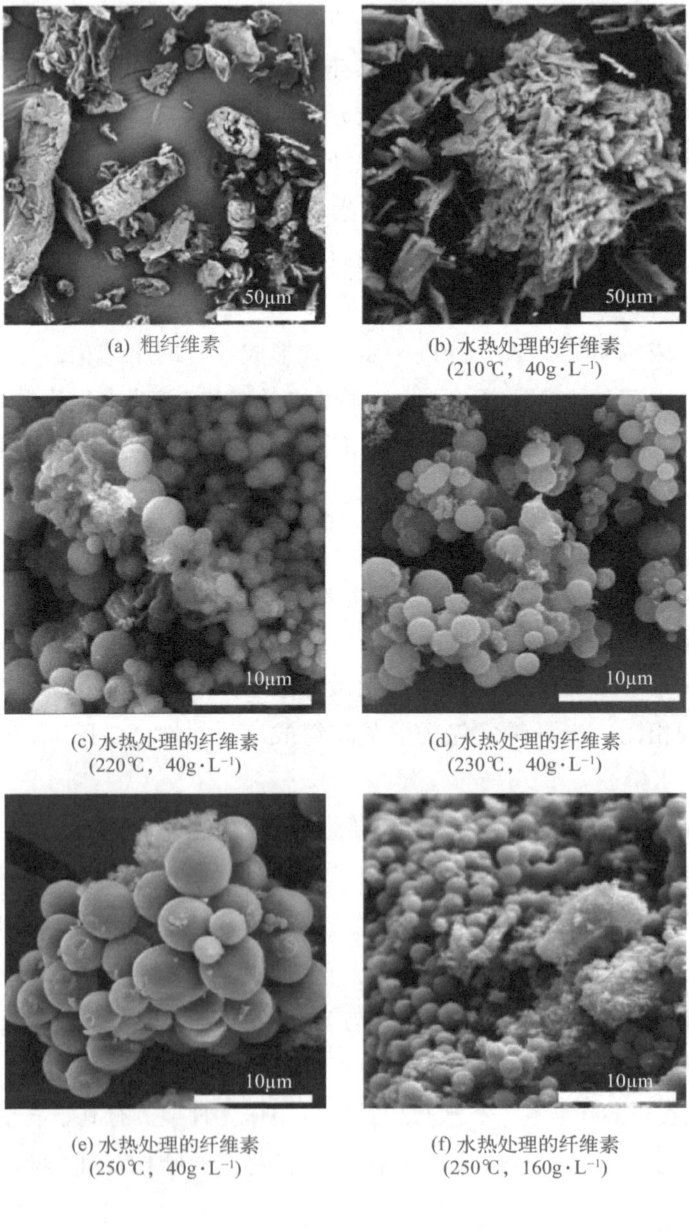

(a) 粗纤维素

(b) 水热处理的纤维素 (210℃，40g·L^{-1})

(c) 水热处理的纤维素 (220℃，40g·L^{-1})

(d) 水热处理的纤维素 (230℃，40g·L^{-1})

(e) 水热处理的纤维素 (250℃，40g·L^{-1})

(f) 水热处理的纤维素 (250℃，160g·L^{-1})

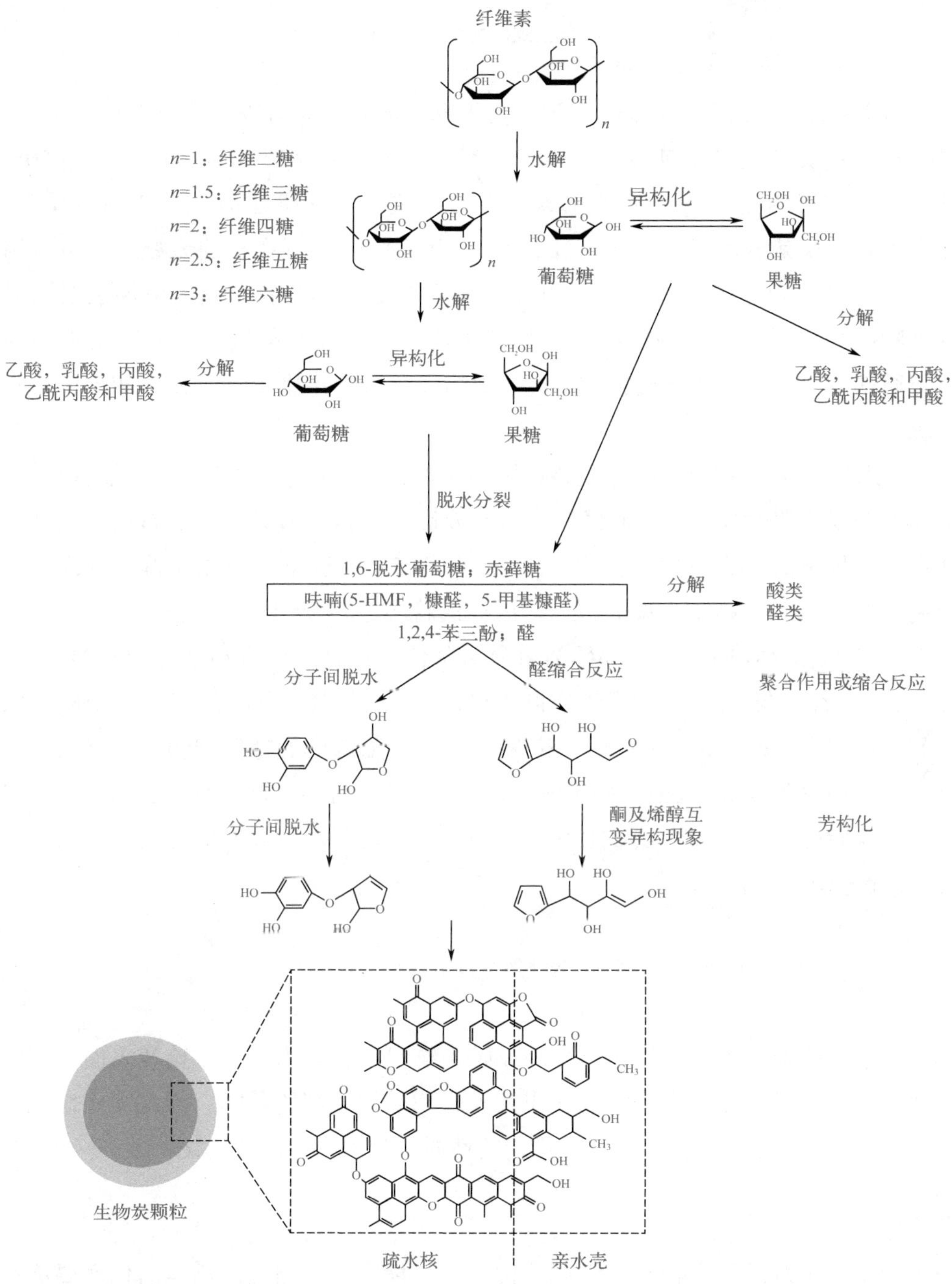

(g) 通过水热碳化从纤维素中形成水碳颗粒的机理

图1-1　SEM图像及反应机理

1.3　生物炭的主要特性

通常将H/C和O/C的原子比作为研究生物炭成熟度和芳香缩合度的重要指标。生物炭的元素组成主要包括C、H、O、N、S和矿物元素。一般而言，C占60%以上。生物炭的元素组成与碳化温度密切相关。生物质经历脱水和解聚反应，纤维素和木质素分解成小分子，H/C和O/C相应降低。生物炭的芳香结构可以用作π电子供体和π电子受体。电子可以与污染物形成污染物-π键，增加生物炭对污染物的吸附能力。生物炭中具有的芳香族结构和较高的羧酸与呋喃比例，使其能通过络合反应、离子交换和π-电子键等多种机制作用于污水处理和土壤修复领域。

固态^{13}C魔角自旋核磁共振光谱（^{13}C NMR）已被用作一种有价值的表征技术，可以根据碳饱和度分为脂肪族区域和芳香族区域，为分析识别非晶材料表面功能性提供有价值的补充数据。Liu等人对220～375℃温度下水热碳化椰子纤维获得的生物炭进行^{13}C NMR光谱分析，得出在低温（220～250℃）下获得的生物炭在δ=73（碳水化合物的C_2、C_3和C_5）时显著降低，这是纤维素和半纤维素的代表；在δ=105（占纤维素C-1）的峰值处也观察到类似的趋势；而δ在102左右的峰值归因于半纤维素；δ为55（甲氧基）和在116～154范围内的峰值归因于木质素；生物炭的芳香性在300℃之前保持不变，在300℃以上增加。这些结果表明，水热碳化会减少脂肪族，在临界点以上几乎消失，并且随着水热温度的升高，生物炭的芳香性也会增加。

1.4　生物炭的改性处理

从木质纤维素生物质转化而来的原始生物炭在表面积、孔结构和表面官能团方面有一定的局限性，可能影响其作为吸附剂或催化剂的功能。因此需要通过化学和物理活化方法来强化或改变生物炭的性质，从而改善其功能化特性。

1.4.1　化学活化

化学活化是活化生物炭最常用的技术。与物理活化相比，化学活化需要更长的处理时间和更高的能量，但具有更高的活化效率。许多研究表明，化学活化后生物炭的孔体积、比表面积和含氧官能团呈现增加趋势。Anaya等人通过三种碳水化合物（葡萄糖、蔗糖和纤维素）的水热处理制备球形炭。随后使用不同的活化方法（H_3PO_4、NaOH、KOH化学活化或CO_2物理活化）对球形炭进行活化，所获得的球形活性炭均具有高比表面积，同时化学活化后的表面氧基含量比物理活化的高。

酸性物质是常用的化学活化剂，如磷酸、硝酸和盐酸。Peng等人将松木锯末热解成生物炭并用H_3PO_4浸渍。与原始生物炭相比，改性生物炭的比表面积更大，为$900m^2 \cdot g^{-1}$和$408m^2 \cdot g^{-1}$。Wang等人使用各种类型的生物质原料，包括水稻、烟草、玉米、小麦、小米和黑豆秸秆，通过热解制备生物炭，然后用盐酸浸渍，结果显示改性生物炭的平均比表面积从$29.9m^2 \cdot g^{-1}$增长至$110.1m^2 \cdot g^{-1}$，平均总孔体积为$0.051 \sim 0.133cm^3 \cdot g^{-1}$。Karagozd等人首次研究了Lewis和Brönsted酸催化剂组合对生物炭产率和特性的影响。在非催化运行中没有观察到炭微球，说明用两种酸组合可以促进二次炭的形成。

碱性物质也可作为化学活化剂。对于碱活化，主要因素包括碱与生物质之比、温度、加热速率和时间。这些因素可调控微孔/中孔生物炭的形成。同时，碱活化中产生的水可作为物理活化剂，增加孔隙度。像含K离子的碱或盐中的金属K可以嵌入炭材料中，这将扩展碳晶格并形成高度多孔结构。

$ZnCl_2$活化是制备多孔炭的另一种化学活化方法，$ZnCl_2$比KOH温和。$ZnCl_2$可在200～350℃的温度范围内催化生物质脱水。脱水可促进生物质的碳化和芳构化，能避免在高温（350～450℃）下形成焦油。除活化温度外，$ZnCl_2$的量对水热碳的表面性质也至关重要。Ma等人报道了使用$ZnCl_2$活化棉花制备多孔炭，在棉花与$ZnCl_2$质量比为1∶2的情况下实现最大比表面积（为$2548.6m^2 \cdot g^{-1}$）。

1.4.2 物理活化

物理活化通常在气态气氛中进行，包括二氧化碳、蒸汽或空气。一般来说，活化时间越长或温度越高，多孔性就越明显。物理活化可改善生物炭的性能，包括比表面积、孔体积和结构。

长时间的探索研究发现，单一活化法对生物炭材料的性能改善存在一定的局限性，将多种活化方法结合起来可更好地改善生物炭的孔结构特征和功能特性。Melvina等人在160℃下用过硫酸钾和氢氧化钾（KPS∶KOH）的水性混合物对木屑进行简单温和的水热处理，通过表面官能化制备高度分散的碳化木屑，在物质的量浓度比为1∶3的KPS∶KOH混合物（$0.07mol \cdot L^{-1}$∶$0.21mol \cdot L^{-1}$）中处理60min的碳化木屑即具备了在乙醇中至少1个月才能表现出的最佳分散性，并且具有高度的官能化，有各种氧基官能团附着在其表面。Li等人在过硫酸铵的存在下，将竹子和丙烯酸进行HTC，然后用氢氧化钠溶液活化，制备了具有丰富羧酸基团的生物炭化合物AAHC。AAHC具有优异的MB吸附能力。与不添加过硫酸铵生产的生物炭相比，AAHC表现出更大的比表面积、孔体积和更多的羧酸基团，这表明除了自由基引发剂之外，少量过硫酸铵在HTC中起着重要作用。Aggarangsi等人将氯化钠和丙酸钙离子盐作为溶剂，对玉米渣进行HTC，然后用0.1mol·L^{-1}磷酸浸泡2h，然后在900℃条件下，CO_2热活化2h，获得2144.22m^2·g^{-1}的比表面积和1.08cm^3·g^{-1}的微孔体积。因此，生物炭通过物理或化学活化方法可以极大地增大比表面积，改善孔结构特性，增加表面官能团含量，进而扩展应用领域。

1.4.3 金属盐改性

生物炭密度低、粒径小，在大规模用于污水处理后难以回收，会对水造成二次污染。通过施加磁场得到的磁性生物炭（MBC）复合材料可以很容易地从水中分离和回收。磁性生物炭常用的制备方法有液相沉淀、金属浸渍、液相还原和球磨等。

液相沉淀法需要首先制备生物炭，然后将生物炭与Fe^{3+}/Fe^{2+}盐溶液混合形成悬浮液。之后，在室温条件下搅拌滴加NaOH溶液，然后发生沉淀。

均匀金属浸渍的程序通常在热解之前或之后使用含有金属盐（例如$AlCl_3$、$MgCl_2$、$LaCl_3$或$FeCl_3$）或金属氧化物（MgO、MnO、CaO、ZnO、TiO_2或Fe_2O_3）的溶液来完成，也可以在热解之后进行热处理。

金属浸渍是一种将金属附着到生物炭上的方法，以增强其在不同应用中的活性位点。在金属浸渍中，生物炭充当还原剂，由金属纳米颗粒催化和碳化。Park等人研究了浸铁生物炭，由于具有磁性，铁很容易被从水溶液中分离出来。此外，Fe浸渍更经济，可以有效分离回收。如甘蔗渣用作原料热解成甘蔗生物炭，然后用铁水溶液活化，可生成浸铁生物炭衍生催化剂。浸渍后，比表面积和总孔体积分别为179.5m^2·g^{-1}和0.1502cm^3·g^{-1}。另一方面，Cruz等人研究了氧化锌（ZnO）浸渍，得到的生物炭具有良好的热稳定性和吸附能力。玉米芯被热解并用ZnO浸渍纳米颗粒，比表面积从24m^2·g^{-1}增加至35m^2·g^{-1}，总孔体积从0.021cm^3·g^{-1}增至0.039cm^3·g^{-1}。此外，Rahman等人研究了用锆（Zr）浸渍热解生物炭，获得的结果与Cruz等人一致，Zr浸渍使比表面积从4.64m^2·g^{-1}增加至75.9m^2·g^{-1}，总孔体积从0.0056cm^3·g^{-1}增加至0.0599cm^3·g^{-1}。可以得出结论：金属浸渍对改善生物炭的性能有积极影响。

1.5　生物炭的应用

生物炭作为可持续材料在环境修复领域的应用受到了广泛的关注，特别是作为重金属和有机污染物的吸附剂或清洁剂。此外，生物炭还具有作为石油燃料替代品的潜力。

1.5.1　水污染处理的应用

因具有高比表面积、发达的孔隙率和丰富的表面官能团，不同层次的生物炭材料已被广泛用作高效污染吸附剂。水溶性污染物，如染料和抗生素，很容易被动植物吸收，最终会给人类造成许多身心疾病。改性生物炭可用作吸附剂吸附水溶液中的阴离子染料和阳离子染料。水热碳化制备的生物炭吸附性能高度依赖于初始吸附质浓度、温度、pH值、吸附剂粒度、搅拌速度和吸附时长等。在$NaBH_4$存在下，不同初始pH值（3～11），不同$NaNO_3$浓度（0～0.5mol·L^{-1}），5min内MB的还原效率提高了90%。通过外部磁体分离催化剂，5次循环后催化能力没有降低，证实催化剂易于分离和可重复使用，包括对（MO和RhB）有机染料同样具有显著的催化作用。Saputra等人用蜂蜜作为原料制备炭微球，通过简单的一锅水热法从蜂蜜中制备磁性炭质催化剂Fe_3O_4@g-C_3N_4/CS，该催化剂使用类光分顿的工艺有效地去除了染料污染物。Li等人利用$LaFeO_3$/木质素生物炭复合材料，对氧氟沙星的吸附容量从0.72mg·g^{-1}增加到30.4mg·g^{-1}。Chai等人合成了油菜秸秆衍生生物炭负载的超细Co_3O_4复合材料活化过一硫酸盐（PMS），用于降解四环素盐酸盐（TC）。Zhou等人通过铁和锌掺杂的木屑生物炭（Fe/Zn生物炭）实现了从水溶液中同时高效去除Cu（Ⅱ）和四环素（TET）。Vo等人提出了炭质多孔材料（BC和活性炭）去除Cr（Ⅵ）的机理，包括孔隙填充、π-阳离子相互作用和阳离子交换。Krstić等人通过果糖和葡萄糖的水热路线制备了活性炭前体，测定了重金属离子的良好去除率（Pb^{2+}为47～59mg·g^{-1}，Cd^{2+}为21～27mg·g^{-1}，Zn^{2+}为6～10mg·g^{-1}）。

1.5.2　作为硬模板制备中空结构金属氧化物

制备所需结构最直接的方法是将合适的炭模板浸渍到合适的溶剂中，然后碳化和去除模板。去模板后的独特的中空结构具有增强的比表面积、孔径，超高的负载能力，缩短的扩散距离，能促进传质和补充活性位点的成型空腔和空隙，可以广泛地用于各个领域。Fu等人利用竹材生物炭微球作为载体，合成了外侧和内侧分别为TiO_2-Ag和MgO-ZnO的双面结构中空催化微球（HCMs），在Xe灯

（150W，8h）照射下，HCMs（0.04g）对MB（100mL，25mg·L^{-1}）和化学需氧量（COD）的去除率分别为96.9%和92.9%。Hu和Qiu等人在不同的煅烧温度下成功地制备了一系列空心管状结构TiO_2/麻茎生物炭（HSC）和TiO_2-CuO/HSC，并将其作为从水溶液中降解氨氮的催化剂。

1.5.3 生物炭燃料

生物炭材料除了作为可持续材料应用于环境修复领域外，还具有作为石油燃料替代品的潜力。木质纤维素组分，如纤维素、半纤维素和木质素可以提供较高能量，由其制备的生物炭可以作为燃料替代物。Martinez等人研究了四种原料：巨竹、咖啡木、桉树和咖啡羊皮纸。每种原料在180℃、200℃、220℃和240℃的温度下处理3h。对于所有样品，较高的热值（HHV）、固定碳含量和能量密度随着反应严重程度的增加而增加，而挥发性物质含量和质量产率则逐渐降低。在220～240℃的温度下获得的水热碳样品的HHV在24.6～29.2MJ·kg^{-1}的范围内，表明这些材料在燃料应用中具有很大的潜力。

第二章 木纤维生物质水热碳化产物的制备及性能研究

2.1 引言

生物质材料经济转型一直是人们关注的焦点，它不仅可以提高资源利用效率、减少排放和加快农村发展，同时也响应了我国碳达峰与碳中和战略。生物质资源是生物质基础经济的核心，可通过HTC被转化为生物基化学品、功能材料和生物燃料等增值产品的生物质资源来源广泛，其中，林业废物含有大量木质纤维素，最为常用。

沙柳是中国沙荒地区造林面积最大的树种之一。它不仅能防风固沙，而且生长迅速，需每3～6年平茬收割一次，所含热量和煤差不多，被人们称为绿色沙煤田。杨木育苗成活率高，适应性很强，生长速度极快。樟子松也是一种优良的速生用材，用于防护绿化、水土保持。这三个树种是产量丰富的可再生生物质资源。

本章以沙柳、杨木、樟子松三种木质纤维素为原料，分别研究了三者在不同温度（210℃、250℃、270℃和290℃）、不同时长（2h、4h、8h、12h、16h、24h和48h），固定物料比（水与生物质质量比为30∶1），固定加热速率（5℃·min^{-1}）的HTC条件下制备得到的固体产物，具体来说是利用元素分析、XRD、FTIR、^{13}C NMR等多种技术表征手段考察水热碳化固体产物的结构组成和性能变化。同时，以有机染料MB和CR为污染物模型，通过吸附试验测试三种木质纤维素炭材料的吸附能力。

2.2 试验部分

2.2.1 试验材料

沙柳取自内蒙古鄂尔多斯地区，杨木、樟子松取自于本地木材加工厂的废弃物，其他化学试剂均为分析纯。主要试剂见表2-1。

表2-1　试验原料与试剂

名称	规格（纯度）	生产厂家
无水乙醇	（≥99.7%）（质量分数）（AR）	阿拉丁试剂（上海）有限公司
氢氧化钠	分析纯/AR	阿拉丁试剂（上海）有限公司
稀盐酸	（20%）（质量分数）（AR）	阿拉丁试剂（上海）有限公司
亚甲基蓝	分析纯/AR	阿拉丁试剂（上海）有限公司
纯水	—	自制

2.2.2　试验设备

使用的试验设备见表2-2。

表2-2　试验仪器和设备

名称	型号	厂家
万能高速粉碎机	HBS-800A-开盖断电	东莞市房太太电器有限公司
数显恒温水浴锅	HH-1	常州国华电器有限公司
先行者电子天平	BS110S	奥豪斯仪器（上海）有限公司
循环水式多用真空泵	SHZ-DⅢ	郑州市亚荣仪器有限公司
真空干燥箱	DZF-6210	上海一恒科技有限公司
磁力搅拌器	Thermo Scientific RT2	济南来宝医疗器械有限公司
电热恒温鼓风干燥箱	DHG-9075A	上海齐欣科学仪器有限公司
台式高速离心机	AXTG16G	盐城顺帆实验器材有限公司
超纯水机	RUZT-1-20	南京智拓仪器表有限公司
水热反应釜	KH-100	西安仪创实验室仪器设备有限公司
超声波清洗机	SB-5200DT	宁波新芝生物科技股份有限公司

2.2.3　材料预处理

将沙柳、杨木、樟子松去皮，清洗干净，于80℃烘箱中干燥后切成小块，用万能高速粉碎机粉碎，过80目筛子，置于密封袋中保存备用。

2.2.4 样品制备

将处理过的沙柳、杨木、樟子松各以固定物料比（物料∶水为1∶30）混合，室温下超声15min，混合溶液转移到100mL的聚四氟乙烯内衬水热反应釜中，随后以5℃·min^{-1}的升温速率分别加热到一定温度（210～290℃），并在该温度下保持特定时间48h。在270℃固定不变的情况下，分别加热（2～48h）。反应过后将混合液冷却至室温，将固液产物过滤分离。得到的固体产物进一步用无水乙醇和去离子水洗净直至滤液澄清。将固体产物在80℃真空干燥箱中烘干一夜，分别标记为SC*n*、YC*n*、ZC*n*，*n*表示反应温度或反应时间。

生物炭的产率计算公式：

$$\text{生物炭产率}=\frac{\text{固体残余量}}{\text{木质纤维生物质初始量}}\times 100\% \tag{2-1}$$

生物炭能量密度计算公式：

$$\text{能量密度（ED）}=\frac{\text{生物炭的HHV值}}{\text{木质纤维生物质的HHV值}} \tag{2-2}$$

生物炭的能量产率计算公式：

$$\text{能量产率（EY）}=\text{生物炭产率}\times\text{能量密度} \tag{2-3}$$

2.2.5 样品表征

糖分和Klason木素含量测定：首先对三种原料和三种原料制备的生物炭进行酸水解，随后根据文献条件使用Thermo ICS5000离子色谱系统（ICS5000，Thermo Fisher Scientific，USA）进行高效离子交换色谱测试，利用电化学检测器对单糖组分进行分析检测。将180mg样品用72%（质量分数，下同）硫酸在30℃条件下处理2h，随后用去离子水将硫酸浓度稀释到3%，121℃下水热处理1h。酸不溶残渣用G8玻璃仪器过滤，干燥后称重，记为Klason木素的含量。

CP/MAS ^{13}C NMR测试：采用Bruker 400M光谱仪在室温下对固体产物进行CP/MAS ^{13}C NMR测试，对其结构组成进行表征，^{13}C谱采用100.55 MHz的频率，旋转速度为10kHz，6.5μs预扫描延迟，回收时间为4s。得到的NMR数据以及谱图采用MestReNova14软件处理，谱线宽度5.0 Hz，相位和基线自动校正。

扫描电镜测试（SEM）：将试样用导电胶固定在专用样品台上，然后对其进行喷金处理。用日立S-3400N型扫描电镜观察样品微观形貌，加速电压为10kV。

傅里叶变换红外光谱（FTIR）测试：采用KBr压片制备试样，使用Nicolet Magna-IR 750型傅里叶变换红外光谱仪进行测试，对样品表面官能团进行分析。扫描范围为400～4000cm^{-1}，分辨率为4cm^{-1}；扫描次数为64次。

X射线衍射（XRD）测试：使用ESCA-14型XRD衍射仪对样品进行结晶度和晶型结构分析，铜靶测试，波长λ为0.154nm，扫描速度为4°·min^{-1}，扫描范围2θ为10°～80°。

拉曼测试：使用共焦显微拉曼光谱（Renishaw RM2000，UK）进行测试。激光波长分别为514nm和532nm。拉曼位移范围为50～4000cm^{-1}，光谱分辨率为1cm^{-1}，空间分辨率为1μm，共焦采样深度在1.5～2μm之间。

N_2吸附-脱附测试：利用全自动比表面积及孔隙度分析仪（Autosorb-IQ-MP）对样品多孔结构进行表征，测量范围：孔隙度3.5～5000Å；比表面积＞0.0005$m^2 \cdot g^{-1}$。通过BET法获得样品的比表面积，利用等温线的解吸分支，使用Barret-Joyner-Halenda（BJH）法分析其孔径分布（PSD）和孔体积。

元素分析：使用元素分析仪（Vario Micro，Germany）检测碳、氢、氮含量。氧含量通过质量平衡计算。

HHV值：采用Channiwala和Parikh公式计算沙柳、杨木和樟子松及其相应生物炭的理论HHV。

$$\mathrm{HHV} = 0.3491 \times \mathrm{C} + 1.1783 \times \mathrm{H} + 0.1005 \times \mathrm{S} - 0.1034 \times \mathrm{O} - 0.0151 \times \mathrm{N} - 0.211 \times \mathrm{A} \tag{2-4}$$

式中，C、H、O、N、S、A分别为三种生物炭的碳、氢、氧、氮、硫和灰分含量，以干基质量百分比表示。

近似分析：根据中国国家标准《煤的工业分析方法》（GB/T 212—2008）对原料和生物炭进行了近似分析。测定了水分（M）、灰分（A）和挥发物（VM）的产率。用差值法测定了固定碳（FC）的收率。固定碳（FC）的计算公式如下：

FC，%=100－（VM，%+Ash，%）

吸附性能测试：以去离子水为溶剂，配制MB和CR污染物模型初始浓度C_0（20～300$mg \cdot L^{-1}$），各量取50mL，分别放入100mL锥形瓶中，然后分别加入50mg吸附剂，封口，将混合液在25℃恒温摇床中以转速200$r \cdot min^{-1}$振荡24h。抽取上清液并用0.45μm的滤膜过滤。用紫外分光光度计（L8 L9，仪电，中国）测定其在664nm处和496nm处的吸收峰。根据标准曲线计算吸附质溶液的浓度，并计算吸附量。吸附剂对MB和CR的吸附量q（$mg \cdot g^{-1}$）可用下式计算：

$$q=\frac{(C_0-C_e)V}{m} \tag{2-5}$$

式中　V——溶液体积，L；

C_0——吸附前吸附质溶液的浓度，$mg \cdot L^{-1}$；

C_e——吸附后吸附质溶液的浓度，$mg \cdot L^{-1}$；

m——吸附剂质量，g。

吸附等温线模型：使用Langmuir（朗格缪尔）和Freundlich（弗伦德里希）两种等温方程进行拟合分析实验数据。Langmuir吸附等温方程主要用于描述单分子层吸附，它的对数形式如下：

$$\frac{C_e}{q_e}=\frac{1}{q_m k_L}+\frac{1}{q_m}C_e \tag{2-6}$$

式中　C_e——平衡浓度，mg/L；

q_e——平衡吸附量，$mg \cdot g^{-1}$；

k_L——Langmuir常数，$L \cdot mg^{-1}$；

q_m——最大吸附量，$mg \cdot g^{-1}$。

Freundlich吸附等温方程是一个经验公式，它的线性对数形式如下：

$$\ln q_e=\ln k_F+\frac{1}{n}\ln C_e \tag{2-7}$$

式中　n——浓度指数；

k_F——Freundlich常数。

2.3　结果与分析

2.3.1　温度对样品形貌特征的影响

图2-1～图2-4为三种木质纤维素在未处理时，以及在水热反应时间48h、温度范围（210～270℃）的条件下制备样品的扫描电镜图（SEM图）。温度在210℃时，已经产生了很多颗粒大小不均、表面光滑的炭微球，随着温度的升高，炭微球数量增加，粒径变大。在210℃条件下产生的炭微球是半纤维素分解后形成的。在轻度（T＜200℃）HTC条件下，半纤维素首先分解成低聚物，然后分解成木糖、半乳糖、葡萄糖和果糖的单糖。随着温度升高，经过液相脱水、脱羧、缩合、聚

合和芳构化形成大小不均的炭微球，当温度上升到220℃时，纤维素开始分解，温度＞230℃时，亚临界水可以破坏纤维素的氢键和晶体结构，水解β-1,4-糖苷键形成葡萄糖单体。纤维素增溶产物和半纤维素水解产物通常是高度反应性的，经历缩合、低聚和聚合反应，这些反应并行发生，最终形成由脂链连接的聚合呋喃和芳香结构。当纤维素表面形成沉淀物时，水的进入受到抑制。因此，纤维素会发生热解，而不是溶解和水解，从而产生具有芳香结构的炭材料，而不是呋喃类材料。

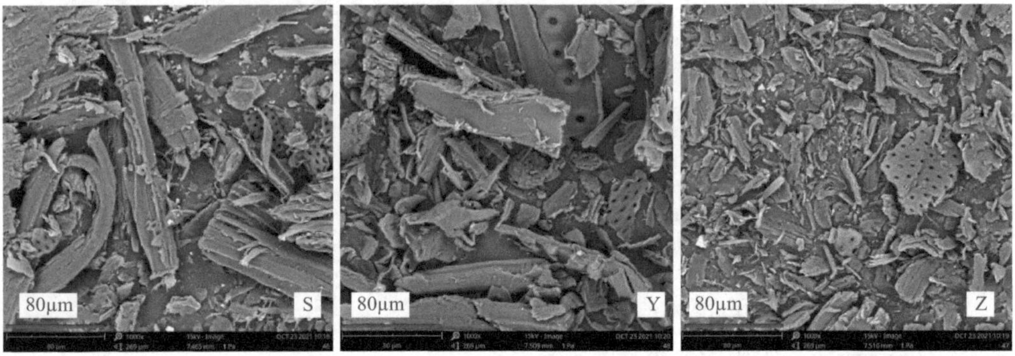

图2-1 三种木质纤维素在未处理时的SEM图

图2-2 沙柳在不同温度下得到的生物炭的SEM图

图2-3 杨木在不同温度下得到的生物炭的SEM图

图2-4　樟子松在不同温度下得到的生物炭的SEM图

木质素也是木质纤维素生物质的主要成分，降解率相对较低，HTC期间的主要产物为包括苯酚、甲氧基苯酚和邻苯二酚在内的酚类化合物。木质素是一种高分子交联聚合物，其分解温度范围为200～500℃，整个HTC过程均缓慢分解，可溶性木质素碎片很快聚合，一些稳定的木质素晶体结构可能会发生脱甲基和热解反应，而不会形成碎片结构。在HTC过程中，尤其是在温和条件下，木质素发生了轻微的化学变化和物理变化。当温度达到250℃以上时，来自无定形部分（半纤维素和可溶性木质素）的降解产物（如呋喃、酮和酚类化合物）可经历异构化、脱水、碎裂和缩合反应，形成的物质会沉淀在纤维素表面，抑制水进入纤维素，防止其降解并在水热液中形成碳状沉淀物。因此，炭微球增多的部分是由半纤维素、纤维素和可溶性木质素热解形成的，未形成的炭微球形貌的炭材料是由结晶区纤维素和稳定的木质素晶体结构形成的。

2.3.2　原料及样品的化学组成

表2-3列出了沙柳、杨木和樟子松生物质原料在不同反应温度下，在保温时长48h、生物质的量与水的量的比值为1∶30、升温速率为5℃·min^{-1}的条件下，制备的生物炭的化学组成。原料主要由半纤维素、纤维素和木质素组成。由表2-3可知，樟子松的木质素含量最高，杨木的半纤维素和纤维素的含量都高于沙柳和樟子松。这表明同样是木质生物质材料，成分含量却有差异。对于HTC得到的产物也会产生不同的变化。从表中可知，当样品在210℃处理时，大部分半纤维素均大幅度降解，在250℃处理时，葡萄糖和半纤维素糖均已检测不到，也就是说，三种生物质材料中的半纤维素和大部分纤维素几乎完全发生了水热降解反应，三种木质纤维素生物炭中的主要成分为Klason木质素。温度达到270℃时，Klason木质素的含量ZC*n*＞SC*n*＞YC*n*，分别达到了98.23%、96.34%和96.06%，说明产物主要为木质素类聚芳香结构。以上数据证实水热碳化（HTC）是一种低温降解生物质

资源，使三大素结构转换为芳香结构碳化物的有效途径。

表2-3　SCn、YCn和ZCn的化学组成

名称		组分/%						
		Klason木质素	葡萄糖	半纤维素	木聚糖	阿拉伯糖	半乳聚糖	甘露醇糖
沙柳	未处理	23.56	49.53	19.61	15.95	2.21	1.45	0
	SC210	74.79	15.34	8.32	1.27	—	—	7.05
	SC250	92.75	—	—	—	—	—	—
	SC270	96.34	—	—	—	—	—	—
杨木	未处理	27.5	56.24	25.03	17.94	0.96	0.61	5.52
	YC210	81.23	20.23	3.47	2.7	0.09	0.08	0.6
	YC250	95.21	—	—	—	—	—	—
	YC270	96.06	—	—	—	—	—	—
樟子松	未处理	30.16	39.88	20.13	7.21	1.10	2.11	9.71
	ZC210	83.69	15.56	3.63	1.32	0.3	—	2.01
	ZC250	97.52	—	—	—	—	—	—
	ZC270	98.23	—	—	—	—	—	—

2.3.3　温度对样品的产率和化学性质的影响

图2-5显示了在温度为210℃、230℃、250℃、270℃、290℃，反应时长为48h，水与生物质的质量比为30∶1（质量分数），反应速率为5℃·min^{-1}的条件下对沙柳、杨木和樟子松三种木质纤维素生物质与其水热产物的工业分析与能量特性。

杨木HTC产物生物炭（YCn）的挥发分高于沙柳生物炭（SCn）和樟子松生物炭（ZCn）。因为挥发分主要是在纤维素和半纤维素的降解过程中产生的，从表2-3中可知杨木与沙柳、樟子松相比，纤维素和半纤维素含量较高，因此杨木的挥发分相对较高。同时，三种生物质材料水热过程中产生的灰分含量随着温度的升高几乎接近于零。随着反应温度升高，HTC反应过程中原料不断降解形成更多的有机物，有机物被溶解，浓度逐渐增加。然而，足够高的温度会使中间产物不断与液体产物中的可溶性组分发生进一步的交联、聚合及缩合等反应形成更多的炭材料。这也说明了三种生物炭固体产率先升高后趋于平稳，是使得有机物含量下降的主要原因。除上述原因之外，在相同HTC条件下，半纤维素降解程度最

高，木质素降解程度最低。因此富含木质素的材料获得的碳化物含量最高，而樟子松的木质素含量较高，因此其HTC产物固碳率在三种组分中也表现出较高的特性。ZCn＞SCn＞YCn，它们的固碳率分别为54.34%、53.52%和51.87%。这说明水热法制备炭产物是一种固碳的有效方式。

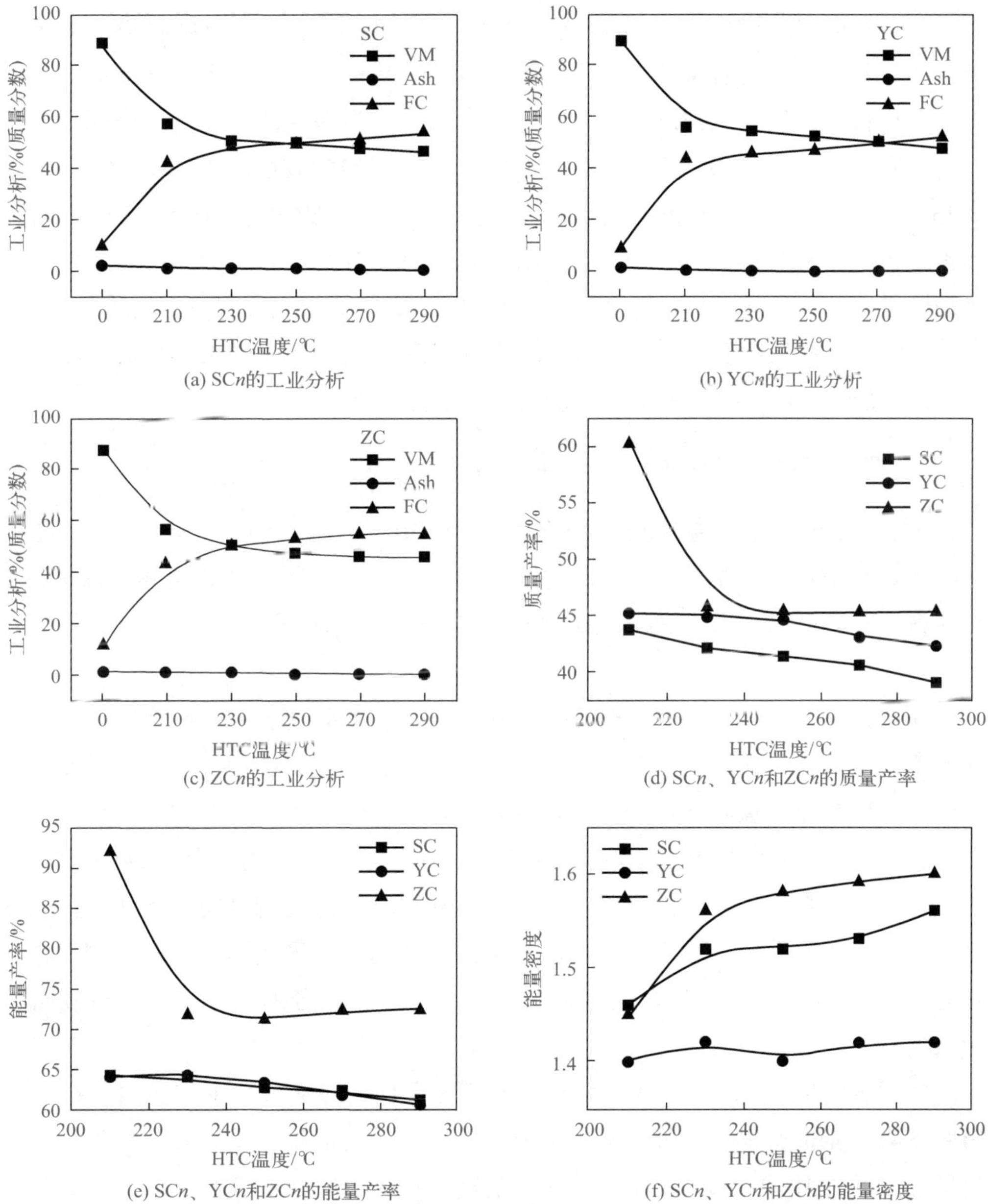

(a) SCn的工业分析　(b) YCn的工业分析

(c) ZCn的工业分析　(d) SCn、YCn和ZCn的质量产率

(e) SCn、YCn和ZCn的能量产率　(f) SCn、YCn和ZCn的能量密度

图2-5　生物炭在不同反应温度条件下的工业分析和能量特性图

HTC的重要变量除上述因素外还包括质量产率、能量密度和能量产率。质量产率为干燥的生物炭与干燥的反应物生物量的质量比。能量致密化因子是干燥生物炭的高热值（HHV）与原始干燥生物质的高热值之比，两者都是在无灰基础上计算得到的。能量产率被定义为质量产率乘以能量致密化因子，并描述了HTC碳化产物总燃料价值与原始生物质燃料价值之间的关系。

图2-5可观察到随着温度的增加，质量产率和能量产率呈下降趋势，能量密度增加。其中沙柳的质量产率和能量产率变化趋势非常显著，先极速降低，然后趋于平稳状态，能量致密度增加比率相应也较高。说明受温度影响比较严重。在较高反应温度（290℃）下，三种木质素产生的质量产率ZC*n*＞YC*n*＞SC*n*，分别为45.32%、42.32%和39.12%；能量致密度ZC*n*＞SC*n*＞YC*n*，分别为1.60、1.56和1.44；能量产率ZC*n*＞SC*n*＞YC*n*，分别为72.54%、61.13%和60.83%。因为能量产率是质量产率和能量密度的乘积，所以能量产率下降是由于质量产率的大幅度下降导致的。沙柳和杨木的最高能量产率均发生在230℃，分别为64.15%、64.35%，樟子松的最高能量产率则发生在210℃，为73.01%。

2.3.4 时间对样品产率和化学性质的影响

图2-6显示了三种生物质材料在温度为270℃，时长为2h、4h、8h、12h、16h、24h和48h，生物质与水的质量比为30：1，升温速率为5℃·min^{-1}的条件下对沙柳、杨木和樟子松三种木质纤维素生物质与其水热产物的工业分析与能量特性。

挥发分（VM）随着时间的增加逐渐减少，主要是由于HTC初始反应时，半纤维素和纤维素首先发生降解，而挥发分主要来源于这两种物质，因此随着时间的增加，挥发分含量降低。杨木相比沙柳和樟子松含有相对较多的纤维素和半纤维素，因此挥发分含量也相对较高。从表2-3的数据分析可知，固体产物主要由类木质素碳组分组成。在一定温度下，碳含量和固碳含量随着时间的增加而大幅度增加，灰分大幅度减少，三种生物质材料的增加趋势几乎相同，所有产物均有较高的固碳含量，加热48h后，固碳率ZC*n*＞SC*n*＞YC*n*，分别为54.09%、51.63%和49.75%。

如图2-6所示，在270℃温度下，随着反应时间的延长，生物炭质量产率大幅度下降，能量产率呈下降趋势，但变化不明显，而能量密度大幅度增加。在最长反应时间（48h）下，三种木质纤维素炭材料随着时间的变化质量产率ZC*n*＞YC*n*＞SC*n*，分别为45.43%、43.12%和40.79%；能量密度SC*n*＞ZC*n*＞YC*n*，分别为0.98、1.44和0.92；能量产率SCn>ZCn>YCn，分别为58.66%、44.38%和39.51%。沙柳生物炭的能量密度在12h时达到最大，为1.58，杨木和樟子松生物炭的能量密度在2h时达到最大，分别为1.48和1.47。

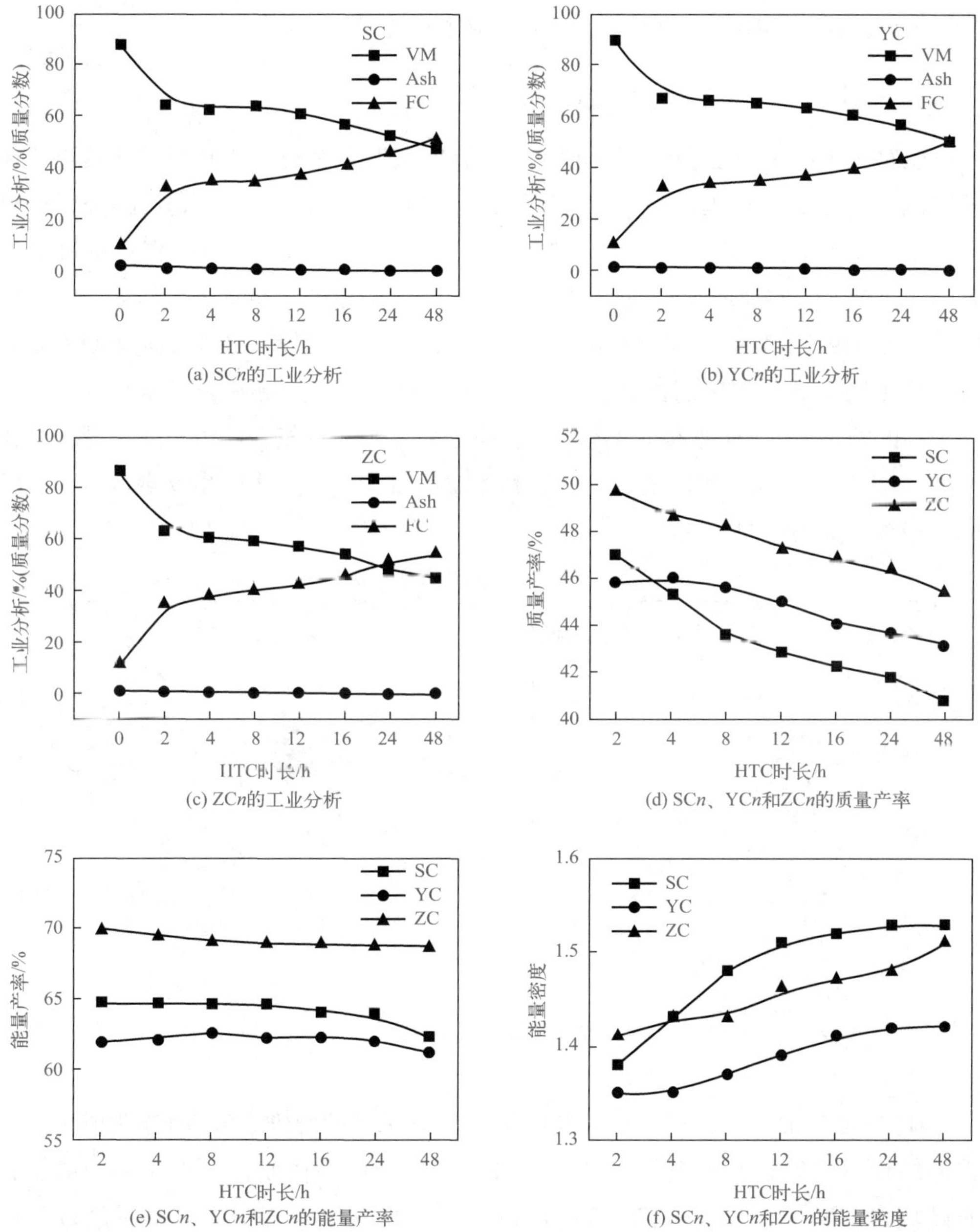

图2-6　生物炭在不同反应时间条件下的工业分析和能量特性图

通过温度和时间变化的影响分析可知，生物炭是一种具有高碳含量、高热值（HHV）、主要由类木质素结构组成的炭材料；木质纤维素生物质中的大部分碳被封存起来，其余碳主要存在于有机化合物中；所有的水热碳化产物的热值均高于相应的原始生物质热值，碳含量越高，固碳含量也越高，热值也越高。通过以上分析，可以说水热碳化产物具有替代化石燃料的潜力。

2.3.5 H/C 比值和 O/C 比值的变化分析

生物炭中的H/C比值和O/C比值反映了HTC过程的变化。生物炭的元素组成通常通过绘制H/C与O/C原子比形成可视化Van Krevilen图，这是检查最终分析结果的有用方法。如图2-7（a）和图2-7（b）中的圆点划线表明，随着温度的升高和时间的延长，三种生物质产生的生物炭的H/C和O/C原子比均呈下降趋势。该图中“⟵”代表脱水，“⟵⋯”代表脱羧，“⟵--”代表脱甲基过程。H/C比值和O/C比值可作为生物炭碳化程度的指标。图2-7的左下角可以找到更好的固体燃料（相对于更高的能量值）。三种木质纤维素原料位于右上角，在指定的生物质区域内。在270℃以上，随着反应时间的延长，三种木质纤维素原料产生的生物炭从生物质区域转移到泥炭褐煤的区域。

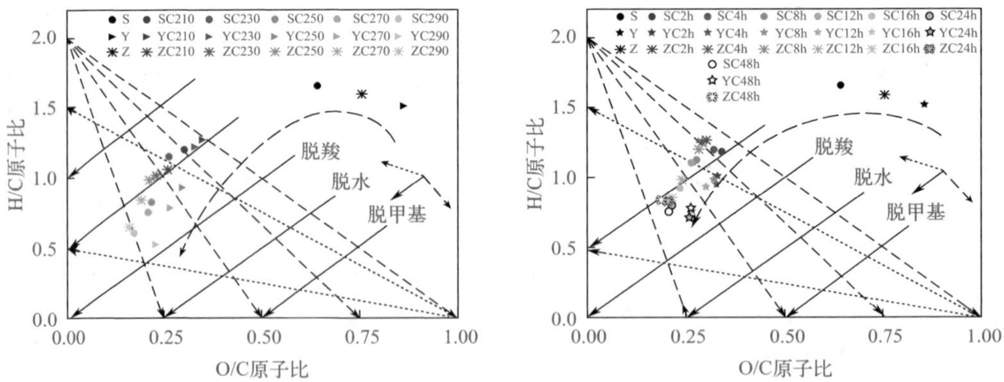

(a) 不同反应温度　　(b) 不同反应时间

图2-7　沙柳（S）、杨木（Y）和樟子松（Z）及其生物炭Van Krevilen图

H/C和O/C的高比值表明存在初级植物大分子（即纤维素），而低比值是（芳香）结构浓缩度更高的典型特征。沙柳、杨木和樟子松原料出现在典型的生物质区域内，随着温度的升高，转向相对较低的O/C和H/C比值的煤质区域（图2-7）。由图2-7结合表2-4和表2-5可知，在相同制备条件下，三者的H/C比值和

O/C比值均呈下降趋势，相较于沙柳和樟子松，杨木的O/C比值和H/C比值相对较高，这可能是由于未碳化的植物大分子残留（如生物炭中的纤维素）高于其他两者。表2-4显示，最高温度在290℃时，ZC*n*＞SC*n*＞YC*n*，碳含量最高分别达到78.393%、77.573%和74.295%。同时，由于富氧化合物的去除，更多的水碳颗粒使HTC碳化产物的HHV也呈上升趋势，其中，ZC*n*＞YCN*n*＞SC*n*，最高分别达到30.65MJ·kg^{-1}、29.92MJ·kg^{-1}和27.53 MJ·kg^{-1}。

表2-4 沙柳（S）、杨木（Y）和樟子松（Z）及其碳化物在不同反应温度条件下的近似组成

样品	最终分析 /%（质量分数）				原子比 /%			HHV /MJ · kg^{-1}	产率 /%（质量分数）
	C	H	N	O①	O/C	H/C	N/C		
S	46.858	6.456	0.469	46.098	0.644	1.653	0.009	19.15	—
SC210	65.667	6.614	0.572	26.147	0.299	1.209	0.007	27.98	43.83
SC230	68.328	6.599	0.652	23.561	0.259	1.159	0.008	29.16	42.12
SC250	72.608	5.018	0.698	20.916	0.216	0.829	0.008	29.07	41.38
SC270	73.967	4.71	0.727	20.206	0.205	0.764	0.008	29.26	40.79
SC290	77.573	3.967	0.788	17.562	0.170	0.614	0.009	29.92	39.12
Y	48.347	6.083	0.212	45.214	0.856	1.510	0.004	19.35	—
YC210	63.598	6.733	0.368	29.151	0.344	1.270	0.005	27.11	45.27
YC230	64.683	6.57	0.426	28.211	0.327	1.219	0.006	27.40	44.98
YC250	67.926	5.25	0.443	26.321	0.291	0.927	0.006	27.17	44.67
YC270	70.322	4.612	0.56	24.486	0.261	0.787	0.007	27.44	43.12
YC290	74.295	3.269	0.66	21.763	0.220	0.528	0.008	27.53	42.32
Z	49.109	6.511	0.183	44.806	0.756	1.591	0.003	20.15	—
ZC210	69.647	6.172	0.4	23.601	0.254	1.063	0.005	29.14	50.49
ZC230	71.641	6.067	0.489	21.713	0.227	1.016	0.006	29.90	45.91
ZC250	72.641	5.979	0.685	20.625	0.213	0.988	0.008	30.26	45.1
ZC270	75.232	5.279	0.459	18.99	0.189	0.842	0.005	30.51	45.43
ZC290	78.393	4.281	0.376	16.939	0.162	0.655	0.004	30.65	45.32

① O /%（质量分数）= 100−C/%−H/%−N/%−S/%。

H/C比值和O/C比值也是估算生物质HTC过程中脱氧程度和芳烃含量的重要标准。所有生物炭的H/C比值和O/C比值随着水热温度或保留时间的增加而降低。比值变化也可以描述HTC期间的脱水（产生H_2O）和脱羧（产生CO_2或羰基化合物，包括羧酸）反应途径。水热碳化过程中的脱水包括化学过程和物理过程，生物质的水分损失主要是化学脱水。从图2-7可知，三种木质纤维素在不同温度和反应时间影响下主要是以脱水为主。从生物质中消除羟基的脱水机制已被广泛接受，脱羧是由羧基的消除引起的。在图2-7中，与杨木的水热碳化产物相比，沙柳和樟子松的水热碳化产物通常表现出高度的煤化，表明天然成分含量的不同在HTC期间起着重要作用。在反应时间最长48h的条件下，ZC*n*＞SC*n*＞YC*n*，碳含量（表2-5）最高分别达到75.232%、72.967%和70.322%，SC*n*、YC*n*和ZC*n*碳化物的HHV值最高分别在12h、4h和4h，对应值为30.24MJ·kg^{-1}、28.90MJ·kg^{-1}和30.19MJ·kg^{-1}。

表2-5　沙柳（S）、杨木（Y）和樟子松（Z）及其碳化物在不同反应时间条件下的近似组成

样品	最终分析/%（质量分数）				原子比/%		HHV /MJ·kg^{-1}	产率/%（质量分数）
	C	H	N	O①	O/C	H/C		
S	46.858	6.456	0.469	46.098	0.644	1.653	19.15	—
SC2h	63.083	6.223	0.851	28.283	0.336	1.184	26.40	46.32
SC4h	68.559	6.482	0.889	22.95	0.251	1.135	29.18	44.27
SC8h	67.494	6.293	0.879	24.484	0.272	1.119	28.43	43.24
SC12h	71.482	6.322	0.79	20.786	0.218	1.061	30.24	42.87
SC16h	71.826	5.514	0.933	21.197	0.221	0.921	29.37	42.02
SC24h	72.437	4.534	1.026	21.593	0.224	0.751	28.39	41.31
SC48h	72.967	3.71	0.727	22.206	0.228	0.610	27.54	40.79
Y	48.347	6.083	0.212	45.214	0.856	1.510	19.35	—
YC2h	66.796	6.779	0.618	24.937	0.280	1.218	28.71	45.87
YC4h	69.434	6.02	0.516	23.38	0.253	1.040	28.90	44.90
YC8h	71.093	5.157	0.739	22.581	0.238	0.870	28.55	45.35
YC12h	72.234	4.986	0.521	21.939	0.228	0.828	28.82	43.48
YC16h	73.418	4.326	0.385	21.641	0.221	0.707	28.49	44.23

续表

样品	最终分析 /%（质量分数）				原子比 /%		HHV /MJ·kg^{-1}	产率 /%（质量分数）
	C	H	N	O①	O/C	H/C		
YC24h	74.203	4.117	0.33	21.23	0.215	0.666	28.56	43.51
YC48h	70.322	3.612	0.56	25.486	0.272	0.616	26.17	43.12
Z	49.109	6.511	0.183	44.806	0.756	1.591	20.15	—
ZC2h	68.495	6.938	0.687	22.9	0.251	1.216	29.70	47.93
ZC4h	69.68	6.938	0.426	22.226	0.239	1.195	30.19	46.63
ZC8h	70.302	6.325	0.749	22.214	0.237	1.080	29.69	46.30
ZC12h	71.078	5.855	0.37	22.347	0.236	0.988	29.39	45.54
ZC16h	73.467	5.259	0.428	20.636	0.211	0.859	29.71	46.11
ZC24h	74.265	5.147	0.598	19.9	0.201	0.832	29.93	45.83
ZC48	75.232	4.279	0.459	19.99	0.199	0.683	29.24	45.43

① O/%（质量分数，下同）= 100−C/%−H/%−N/%−S/%。

2.3.6 拉曼分析

为了确认生物炭上有芳香碳的存在，进行了拉曼光谱测量。如图2-8所示，不同反应温度、不同反应时间下三种木质纤维素水热碳化产物的拉曼光谱，在1343cm^{-1}和1595cm^{-1}附近均显示出两个主要波段，可分别归因于D波段（sp^3）和G波段（sp^2）。通常，D带代表sp^3杂化轨道中碳原子的振动模式，G带与sp^2杂化轨道中碳原子的振动模式有关。由表2-6可知，温度范围210～270℃，I_D/I_G的值分别为沙柳生物炭2.22～1.65，杨木生物炭2.06～1.57，樟子松生物炭2.01～1.68；时间范围8～48h，沙柳生物炭1.65～1.34，杨木生物炭1.71～1.52，樟子松生物炭1.79～1.81。因此，生物炭中存在小的芳香簇。证实了水热碳化产物中存在芳香族结构。I_D/I_G的值越大，意味着水热碳化产物会产生更大的碳结构缺陷，这种结构缺陷在吸附或储能领域有很大的应用前景。D波段和G波段峰值位置的移动是由于D波段的加宽和样品中存在的不同键的振动模式决定的，当HTC过程改变碳化木质纤维素的表面化学性质时，这些键在各自的波长处共振。不同温度下I_D/I_G的值的变化，说明水热碳化过程引入的表面官能团的含量和种类也有所不同，从而也证实了不同物质水热过程的功能化程度也不尽相同。

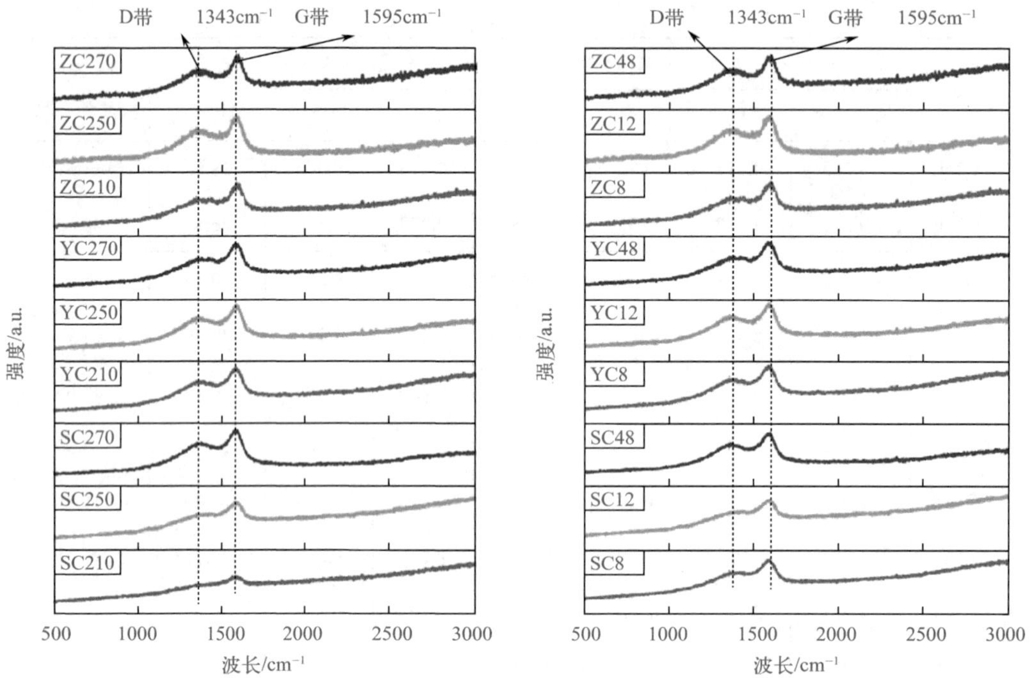

(a) 不同反应温度下　　(b) 不同反应时间下

图 2-8　SC*n*、YC*n* 和 ZC*n* 的拉曼图

表 2-6　D 带和 G 带的峰位置和全宽半峰（FWHM）以及峰的强度比

样品	D		G		I_D/I_G
	峰值 /cm^{-1}	FWHM	峰值 /cm^{-1}	FWHM	
SC210	1397.66	318.32	1583.79	91.26	2.22
SC250	1397.74	288.94	1588.37	101.78	1.79
SC270	1386.39	246.60	1586.13	104.45	1.65
YC210	1380.81	282.72	1586.24	97.18	2.06
YC250	1379.33	319.76	1589.74	95.81	1.79
YC270	1394.66	328.18	1588.75	89.11	1.57
ZC210	1389.56	326.27	1592.97	85.31	2.01
ZC250	1379.30	260.48	1589.02	95.93	1.67
ZC270	1377.53	313.96	1594.14	84.57	1.68
SC8h	1395.52	272.15	1589.48	107.51	1.65

续表

样品	D		G		I_D/I_G
	峰值 /cm^{-1}	FWHM	峰值 /cm^{-1}	FWHM	
SC12h	1400.55	289.13	1588.35	96.81	1.46
SC48h	1376.28	295.70	1587.87	103.38	1.34
YC8h	1381.27	295.45	1587.72	103.75	1.71
YC12h	1381.08	322.70	1586.93	94.40	1.65
YC48h	1412.26	375.13	1589.40	83.10	1.52
ZC8h	1398.17	382.25	1593.25	79.17	1.79
ZC12h	1378.54	254.89	1589.37	104.50	1.81
ZC48h	1378.31	322.64	1593.59	83.07	1.81

2.3.7 XRD 分析

通过XRD测试评估了生物炭的结晶度，结果如图2-9所示。不同木质纤维素衍射峰的位置基本相同，在约16.2°和约22.3°时出现的两个衍射峰，分别对应在（110）和（200）晶面，属于纤维素I晶型结构，所有生物炭2θ在15°～25°之间出现宽的无定形碳峰，说明水热碳化产物具有非晶态无定形结构，这和拉曼的结论是一致的。各种温度下，停留时间48h的水热碳化产物木质纤维素特征峰已消除，说明三种木质纤维素在温度为210℃以上时已经开始碳化。但是温度在270℃时，反应时间在2h内，还存在纤维素特征峰，说明时间也是影响碳化程度的关键因素。

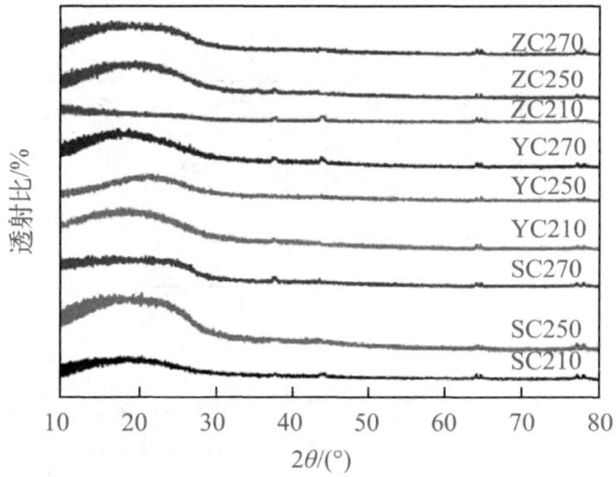

(a) SCn的XRD图

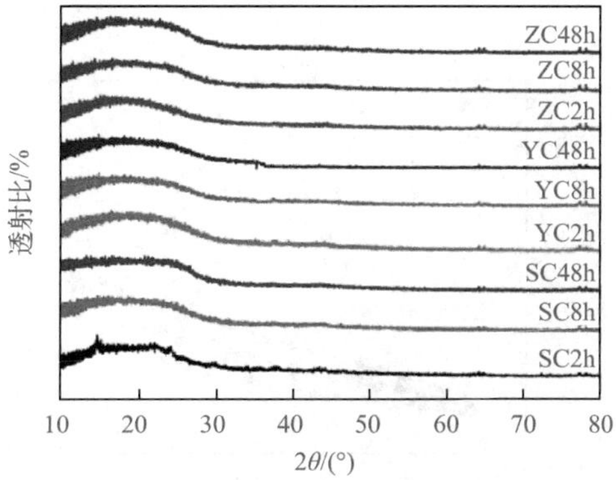

(b) YCn的XRD图

图 2-9

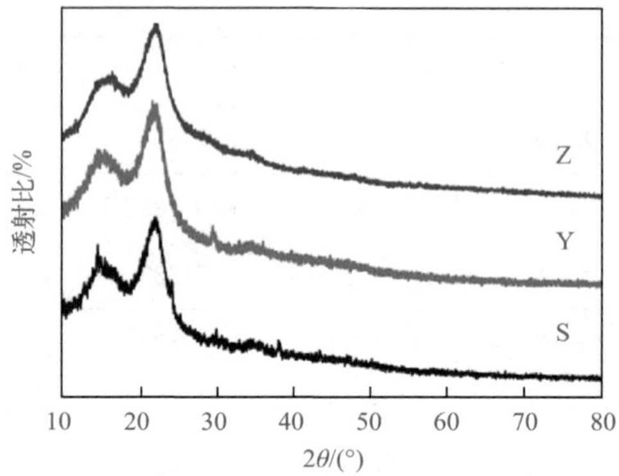

(c) ZC*n*的XRD图

图 2-9　SC*n*、YC*n* 和 ZC*n* 的 XRD 图

2.3.8　N_2 吸附 - 脱附分析

鉴于温度对热碳化影响较大，对不同温度下的三种木质纤维素生物炭进行了孔隙结构分析。该孔隙结构通常在一定程度上反映生物炭的吸附能力。不同温度影响下的N_2吸附-解吸等温线和相应的孔径分布（PSD）曲线如图2-10所示。分别使用比表面积（BET）方法和BJH方法计算比表面积和PSD。生物炭的等温线是典型的Ⅳ型等温线，具有滞后环，表明存在微孔和中孔。从图2-10（b）、（d）和（f）中的BJH孔径分布放大图中可以看到生物炭中富含微孔。等温线在相对高压（P/P_0=0.0～1.0）下出现显著的滞后特性，表明存在丰富的中孔。因此，SC*n*、YC*n*和ZC*n*表现出具有高度发达的微孔和中孔的分层孔隙网络。同时，在PSD曲线中，在50nm以上曲线略微向上的趋势对应于水碳颗粒积聚导致的大孔隙的存在。

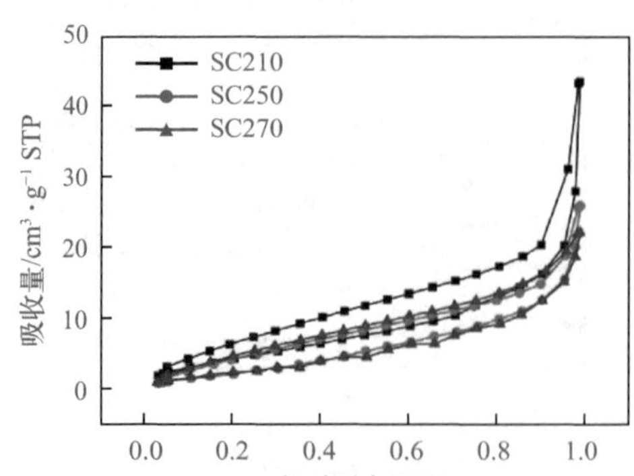

(a) SC210、SC250和SC270 N_2吸附-解吸等温线

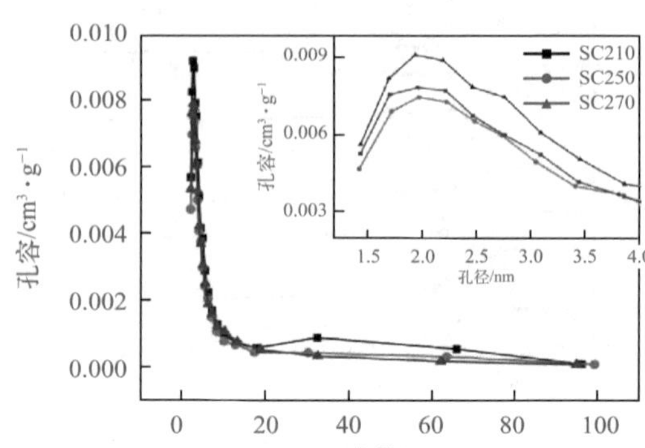

(b) SC210、SC250和SC270 BJH孔径分布图

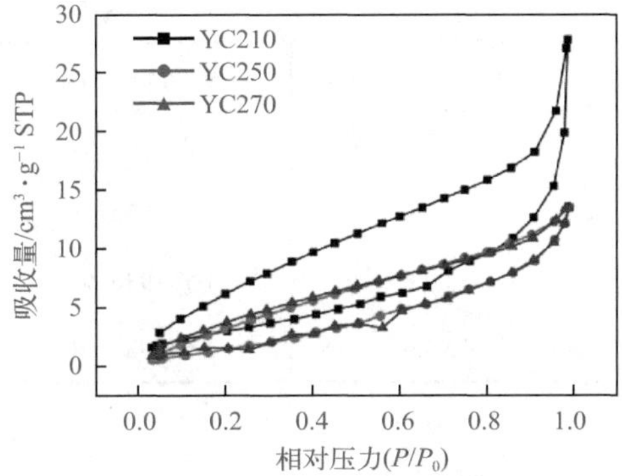

(c) YC210、YC250和YC270 N_2吸附-解吸等温线

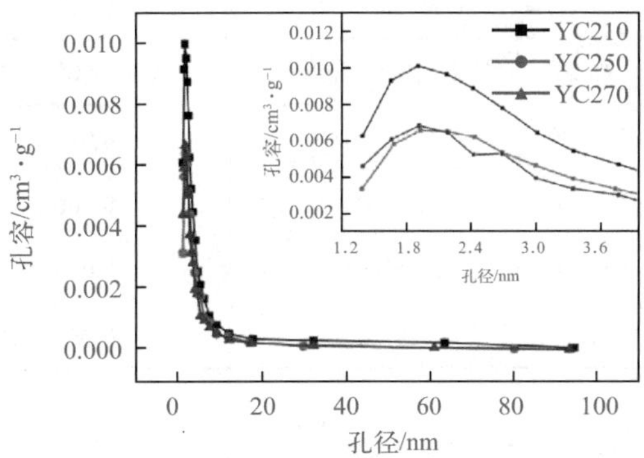

(d) YC210、YC250和YC270 BJH孔径分布图

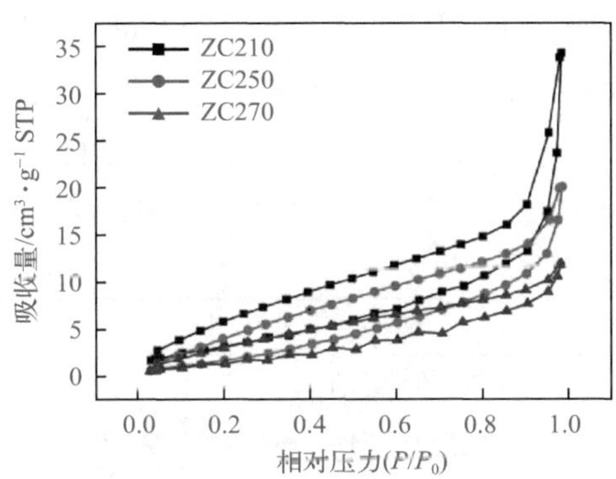

(e) ZC210、ZC250和ZC270 N_2吸附-解吸等温线

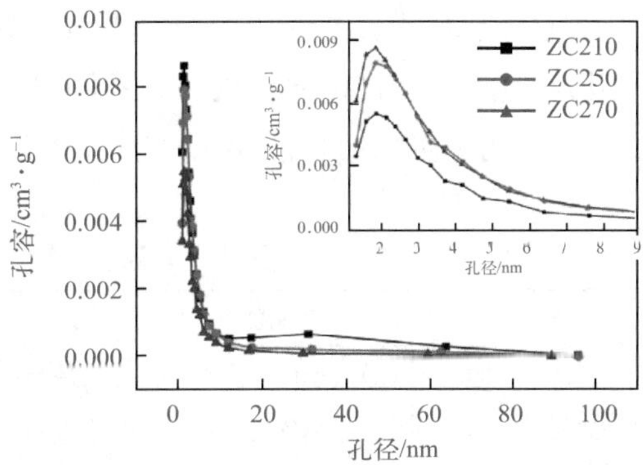

(f) ZC210、ZC250和ZC270 BJH孔径分布图

图2-10 N_2吸附-解吸等温线与BJH孔径分布图

[(b)(d)(f)中插图为BJH孔径分布放大图]

表2-7中数据表明，生物炭中大多数孔的尺寸在2nm左右。清晰的向上趋势峰（<2nm）进一步证实了水热碳中具有丰富的微孔。总比表面积为5.560～18.346$m^2 \cdot g^{-1}$，孔容为0.023～0.075$cm^3 \cdot g^{-1}$。SC*n*的总比表面积最大，YC*n*和ZC*n*基本相近，在210℃下总比表面积和孔容达到最大，随着温度升高，总比表面积和孔容减小。

表2-7 不同温度影响下SC*n*、YC*n*与ZC*n*总比表面积和孔结构特性

样品	总比表面积 / $m^2 \cdot g^{-1}$	孔容 /$cm^3 \cdot g^{-1}$	脱附平均孔径 /nm	平均孔径 /nm
SC210	18.346	0.075	1.901	1.47121e+01
SC250	10.940	0.041	1.924	1.26403e+01
SC270	10.347	0.047	1.936	1.56362e+01
YC210	11.528	0.050	1.911	1.48027e+01
YC250	5.560	0.026	1.923	1.47886e+01

续表

样品	总比表面积 / $m^2 \cdot g^{-1}$	孔容 /$cm^3 \cdot g^{-1}$	脱附平均孔径 /nm	平均孔径 /nm
YC270	6.706	0.027	1.933	1.23786e+01
ZC210	12.418	0.060	1.913	1.70207e+01
ZC250	6.162	0.023	1.923	1.19193e+01
ZC270	7.740	0.039	1.913	1.59683e+01

2.3.9 FTIR 分析

FTIR光谱显示了生物质组分及其生物炭的官能团，如表2-8所列。每种生物质组分的FTIR光谱在不同温度、不同时间条件下，其剖面内都表现出不同的强度峰值，表明了生物质官能团组成随水热温度和反应时间的变化而变化（图2-11）。

表2-8 FTIR观察到的峰及其官能团的分配

波长 /cm^{-1}	官能团	说明
3700～3000	C—OH官能团	酚羟基和醇羟基的伸缩振动引起的
3000～2800	C—H官能团	小双峰，脂肪族、亚甲基和甲基的C—H伸缩振动吸收峰
1800～1645	C═O官能团	此处包含酯基、羧基和醛基的C═O的伸缩振动重叠引起的
1645～1450	C═C官能团	芳香环骨架C═C的伸缩振动引起的
1450～1300	C—H弯曲振动	脂肪族、亚甲基和甲基的C—H连环引起的面内弯曲振动峰
1300～950	C—O官能团	来自酯基、苯酚和脂肪醇的伸缩振动峰
900～650	C—H弯曲振动	芳香环或芳香化合物中的弯曲的C—H键

每个生物质组分的生物炭都含有—OH基团（在3700～3000cm^{-1}处），由于原始木质纤维素中部分羟基发生了脱水反应，故生物炭的强度远低于原料组分。

纤维素在2910cm^{-1}处的脂肪族C—H单峰在2970cm^{-1}和2930cm^{-1}附近处形成脂肪族C—H键的小双振动峰（主要是亚甲基桥），随着反应温度的升高和时间的延长，该峰逐渐减弱并向高波数偏移，说明活泼的酮基发生了一定的反应，变成了C—H的面内伸缩振动峰。

在1740cm^{-1}左右处存在明显的峰值，这是因为在1740cm^{-1}左右处是半纤维素聚木糖发色基团中的非共轭羰基（C═O）伸缩振动吸收峰，生物炭化物随着温度的升高和反应时间的延长发生脱羧反应转化为CO_2，此峰已不存在，说明在水热碳化过程中半纤维素已完全降解。生物炭在1700cm^{-1}左右处形成新的峰，说明生物炭中形成新的酮基、羧基或酯基等官能团，而且随着反应时间的延长和温度的升高向低波数方向移动。

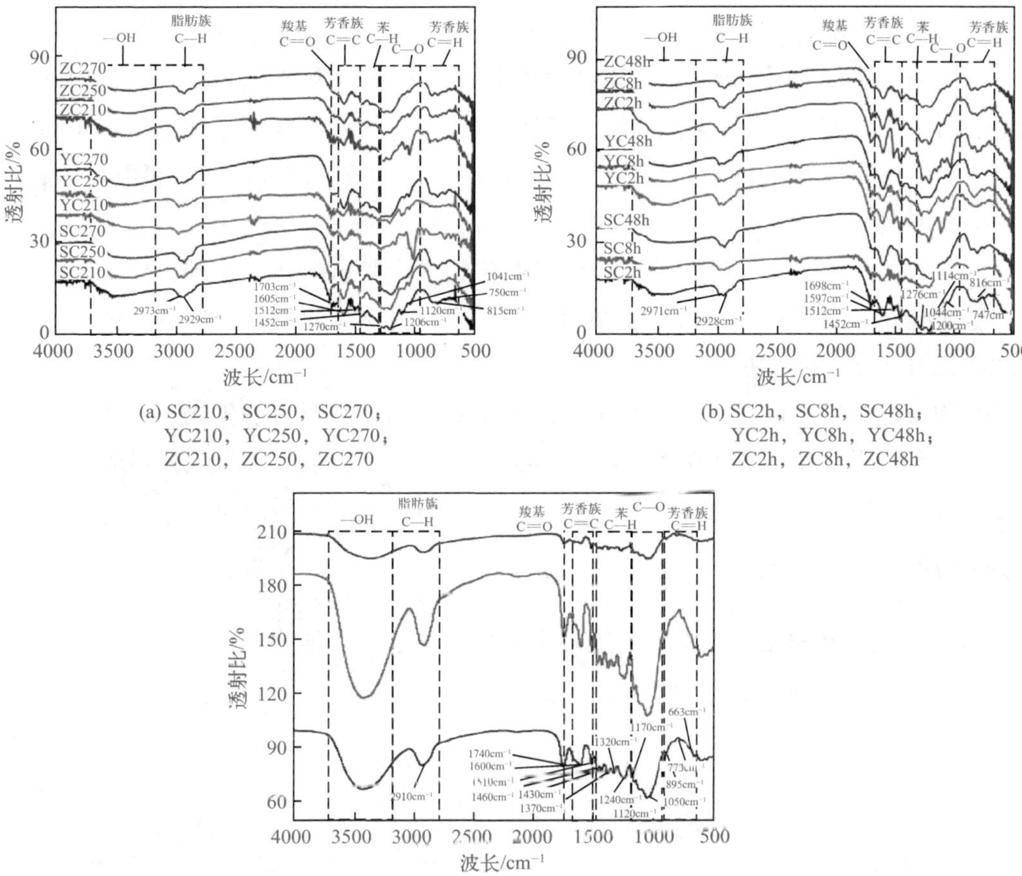

(a) SC210，SC250，SC270；YC210，YC250，YC270；ZC210，ZC250，ZC270

(b) SC2h，SC8h，SC48h；YC2h，YC8h，YC48h；ZC2h，ZC8h，ZC48h

(c) S、Y、Z

图 2-11　红外图

在 1510cm^{-1} 和 1460cm^{-1} 左右处的峰分别代表木质素中芳香环内的C═C伸缩振动吸收峰和骨架上的—CH_2变形振动吸收峰，这些峰值逐渐消失，在 1600cm^{-1} 和 1452cm^{-1} 处形成新的伸缩振动峰，对应于芳香环骨架C═C的伸缩振动和脂肪族、亚甲基和甲基的C—H连环引起的面内弯曲振动峰。

在所有生物质的纤维素、半纤维素和木质素结构中均可观察到在 1050cm^{-1} 处的对称C—O伸缩振动。生物质原料组分在 1050cm^{-1} 左右处的峰来自酯基、苯酚和脂肪醇的C—O伸缩振动峰，在HTC后完全不存在，表明C—O链因脱羧而断裂。分配给 1300～950cm^{-1} 间多处的C—O伸缩振动峰，如 1044cm^{-1} 和 1114cm^{-1} 的峰出现在生物炭中。在纤维素和半纤维素中，C—O键为醚键，而在木质素中，C—O键为甲氧基或醚键，这表明在HTC过程中甲氧基和醚键很容易断裂。在几乎所有的生物质样品中，木质素的G（愈创木脂）单元都会部分降解，这可以通过在1276cm^{-1}处的振动强度减弱观察到。

在650～950cm^{-1}处出现了新的芳香环或芳香化合物中弯曲的C—H键，但强度随着温度的升高而加强。结果表明，已经形成了纤维的交联网络结构，该碳网络的芳环结构随着温度的升高逐渐稳定，但总体而言仍然较低，与XRD图谱结果一致，属于无定形碳结构。

与未反应的木质纤维素相比，制备的生物炭由复杂的芳香结构组成，同时有大量的醚以及酚羟基等含氧官能团存在，烷烃含量明显降低，证实了降解、聚合以及芳构化反应的发生。

从图2-11中可以观察到三种木质纤维素材料以及其对应的生物炭产物之间的峰值存在着强度和偏移上的差异，尤其是在1300～950cm^{-1}条带差异显著，表明脱羧的发生和反应严重程度在很大程度上取决于HTC中的天然材料。

2.3.10 ^{13}C NMR分析

采用^{13}C CP-MAS NMR光谱进一步对生物炭的化学结构进行分析（图2-12）。表2-9中计算了相应的芳香性。

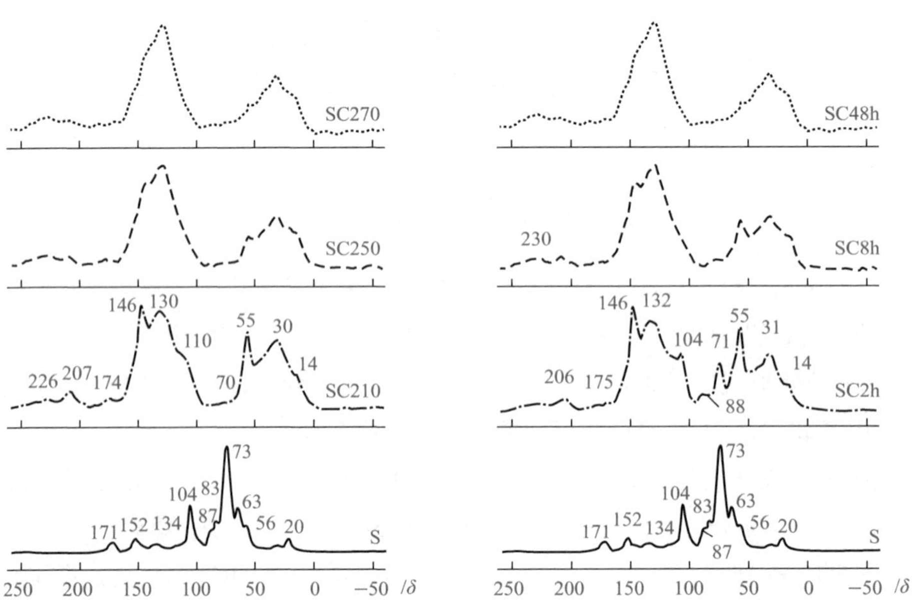

(a) S，SC210，SC250，SC270　　(b) S，SC2h，SC8h，SC48h

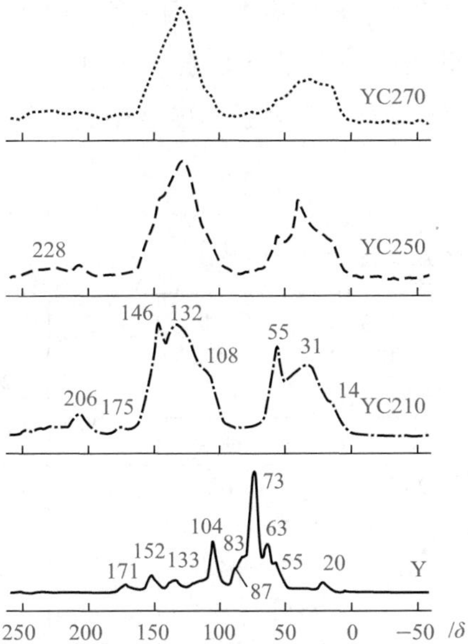

(c) Y，YC210，YC250，YC270

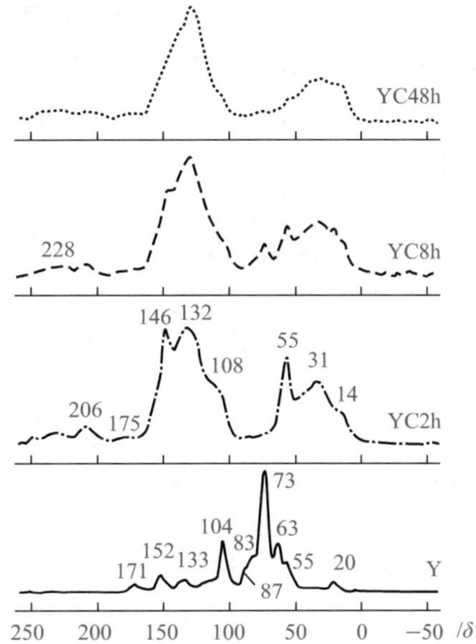

(d) Y，YC2h，YC8h，YC48h

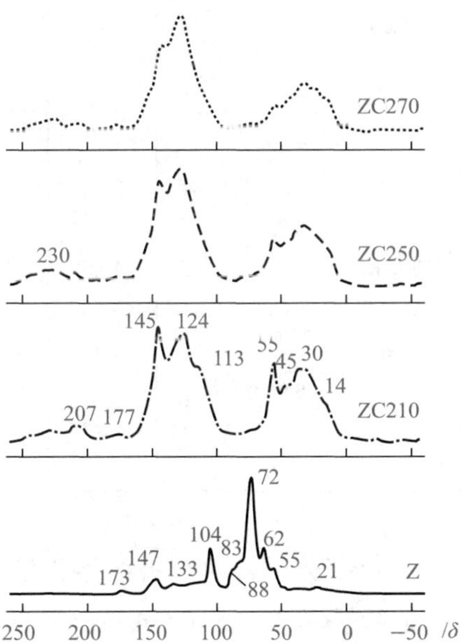

(e) Z，ZC210，ZC250，ZC270

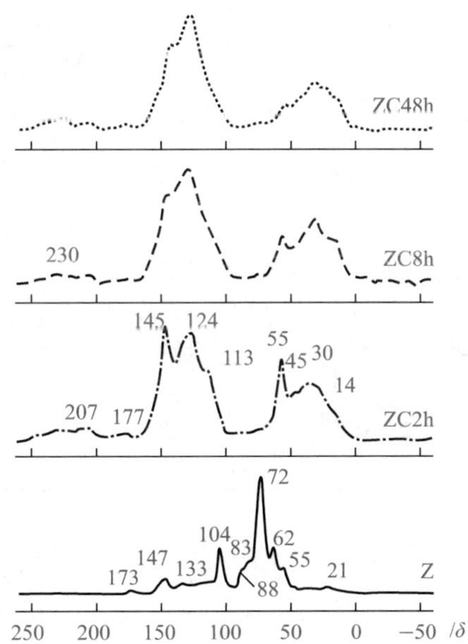

(f) Z，ZC2h，ZC8h，ZC48h

图2-12　^{13}C NMR光谱图

沙柳、杨木和樟子松木质纤维素^{13}C NMR光谱给出了半纤维素、纤维素和木质素的特征峰。图2-12显示，出现在δ=71～110范围内的峰归因于纤维素和半纤维素。δ=73（碳水化合物的C-2、C-3和C-5）的强峰代表纤维素和半纤维素，

δ=83和δ在87左右处的共振峰归因于晶体内部纤维素的C-4，δ为105的峰值归因于纤维素C-1，δ在102附近的峰值与δ=105重叠归因于半纤维素。δ=110～168和δ=56的峰值归因于木质素。δ=173和δ=21的峰值分别归因于乙酰基中的羧基碳和甲基碳。

表2-9 通过^{13}C NMR分析获得的含碳官能团的相对强度 单位：%

样品	δ=0～49 Alkyl C	δ=49～71 OCH_3	δ=71～93 O-alkyl	δ=93～110 O—C—O	δ=110～140 C═C/C—H	δ=140～168 C—O	δ=168～192 —COOH	δ=192～240 羰基碳
			总碳水化合物（71～113）δ		总芳香碳（113～168）δ			
SC210	25.76	10.19	2.21	8.07	26.99	16.76	2.73	7.30
			10.28		43.75			
SC250	24.80	6.18	2.36	6.34	31.42	17.01	3.51	8.38
			8.70		48.43			
SC270	25.43	5.64	2.17	5.18	34.66	16.58	2.54	7.79
			7.35		51.24			
YC210	24.72	11.26	2.27	9.24	28.39	16.40	1.65	6.06
			11.51		44.79			
YC250	26.49	7.18	2.23	7.63	33.12	15.32	1.76	6.26
			9.86		48.44			
YC270	23.03	5.46	2.63	6.39	36.04	16.81	2.64	7.00
			9.02		52.85			
ZC210	26.92	10.08	2.18	8.52	29.76	15.85	1.46	5.23
			10.70		45.61			
ZC250	25.03	7.69	2.19	6.64	32.35	16.61	2.48	7.02
			8.83		48.96			
ZC270	24.26	5.56	2.19	6.54	37.59	15.71	1.98	6.18
			8.73		53.30			

根据之前报道的关于^{13}C NMR研究中的化学位移分配，木质纤维素生物炭的光谱可被划分为八个主要区域：代表未取代的饱和烷基碳（δ=0～49）；被氧原子取代的烷基碳（δ=49～71），即甲氧基（O—CH_3）；与一个氧原子单独键合的烷基碳（δ=71～93），例如碳水化合物类结构中的O—烷基；与两个氧原子键合的烷基碳（δ= 93～110），例如碳水化合物中异头体的O—C—O；质子和烷基取代的芳香族碳（δ=110～140），即芳香族C—C/C—H；氧取代的芳香族碳（δ=140～168），即芳香族C—O；羧基碳（δ=168～192），即—COOH；羰基碳（δ=192～240）即—C═O。

经过HTC处理之后的峰值与木质纤维素的峰值截然不同。HTC反应时间48h，温度为210℃，处理后，木质纤维素在δ=71～110范围内的峰强度显著降低，在250℃以上就已检测不到。说明在较低温度和一定碳化时间下的第一个反应是半纤维素和无定形纤维素的水解，这与化学组成分析相一致。而对于沙柳生物炭，在270℃、2h反应过程内仍可以检测到，说明除了温度和反应时间是影响纤维素水解的主要因素，不同生物质因成分含量不同也会影响生物炭产物的生成，这与XRD分析相一致。木质纤维素的光谱中存在的δ=147（樟子松）处和δ=152（沙柳和杨木）处出现的峰分别归因于非醚连接的丁香基单元的C-3/C-5和醚连接的丁香基单元的C-3/C-6，在HTC处理后峰位发生偏移，强度增大，δ=55（甲氧基）处的峰先增强后减弱，表明木质素在半纤维素和纤维素降解后只出现部分降解，证实了木质素在水热碳化过程中的顽固性。由此也证明了在亚临界水条件下生物炭中含有大量的木质素片段或未反应的木质素。SC*n*（δ=130）、YC*n*（δ=132）与ZC*n*（δ=124）处的峰代表非质子化的芳香碳，随反应温度的升高非质子化芳香碳的量明显增加，说明高温促进了醚化和进一步的取代反应。同时，一些侧链可以在反应过程中形成新的芳香结构，纤维素和半纤维素降解生成的碳水化合物也可以转换成芳香结构，致使芳香C—C、C—H键含量增加。在270℃时，δ=113～168处的峰代表缩合的芳香碳结构，证实了最终产物为聚芳香结构。

对图2-12的分析可总结出：随着温度和反应时长的增加，从碳化样品的光谱中观察到三个主要变化：①碳水化合物信号（在δ=71～113光谱区域）强度降低，并消失；②烷基（δ=0～71）和芳香族C（δ=113～168）信号的相对强度增加；③在δ=171之后出现了新的羧基（δ=168～192）和羰基（δ=192～240）官能团信号。

每个样品中积分的^{13}C NMR峰面积区域描述的是用于半定量比较的含C官能团的相对强度。从表2-9中数据分析三种木质纤维素生物炭含碳官能团受温度影响的占比，以SC*n*为例，主要含碳官能团占比优势由强到弱的顺序为：δ=113～168位移处的芳香碳（43.75%～51.24%），其中δ=113～140处的芳香C—C/C—H为26.99%～34.66%，δ=140～168处的芳香C—O为16.58%～17.01%；δ=0～49位移处的烷基碳（24.80%～25.76%）；δ=71～113处的碳水化合物碳（7.35%～10.28%），其中δ=71～93处的*O*-烷基为2.17%～2.36%，δ=93～113处的O—C—O为5.18% ～8.07%；δ=49～71处的OCH_3（5.64%～10.19%）；δ=192～240处的羰基碳C═O（7.30%～8.38%）；δ=168～192处的羧基碳—COOH（2.54%～3.51%）。YC*n*和ZC*n*各含碳官能团占比优势与SC*n*类似。说明经过高温和一定时间的反应，生物炭主要是以芳香碳为主，其次为烷基碳，同时也生成大量的羧基和羰基官能团。

总碳水化合物C（δ=71～113）SC210从10.28%下降到SC270的7.35%，而烷基C变化不明显。总芳香族C（δ=113～168）从10.28%下降到SC270的7.35%，芳香性基本不变。此外，与所有生物炭中的芳香族C—O相比，芳香族C—C/C—H对总芳香族C的贡献更大。

2.3.11 MB和CR的平衡吸附测试

吸附一般分为两种途径：由多孔结构主要作用的物理吸附和表面官能团作用的化学吸附。三种木质纤维素制备的生物炭样品的比表面积和微孔孔容相对较小，由N_2吸附-脱附分析可知，当温度在210℃时，三种木质纤维素生物炭的比表面积分别是最大的，但是远远低于传统的活性炭（约1000$m^2 \cdot g^{-1}$，约1.0$cm^3 \cdot g^{-1}$），说明木质纤维素生物炭主要由介孔组成。这表明木质纤维素生物炭对水溶液有机染料的吸附主要是通过表面含氧官能团的化学作用进行的。根据前面FTIR和^{13}C NMR分析可知，随着温度的升高，水热碳芳构化程度增大，含氧官能团减少，因此选择在相对低温条件下制备的生物炭SC210、YC210和ZC210分别吸附有机污染物以简单评估样品的吸附能力。通过Langmuir和Freundlich模型拟合（图2-13）后，相应参数列于表2-10中。发现Langmuir模型更适合描述吸附等温曲线，因为Langmuir模型的R^2值高于Freundlich模型，非线性拟合分析突破了吸附剂浓度增加的限制。拟合表明对MB和CR吸附是一个单层过程。三种水热碳吸附MB的能力远超过吸附CR的能力，对MB的最大吸附量分别为SC210（155.235$mg \cdot g^{-1}$）、YC210（141.515$mg \cdot g^{-1}$）和ZC210（135.088$mg \cdot g^{-1}$）。因此得出结论，生物炭对有机染料阳离子的吸附能力要远大于对有机阴离子染料的吸附能力。

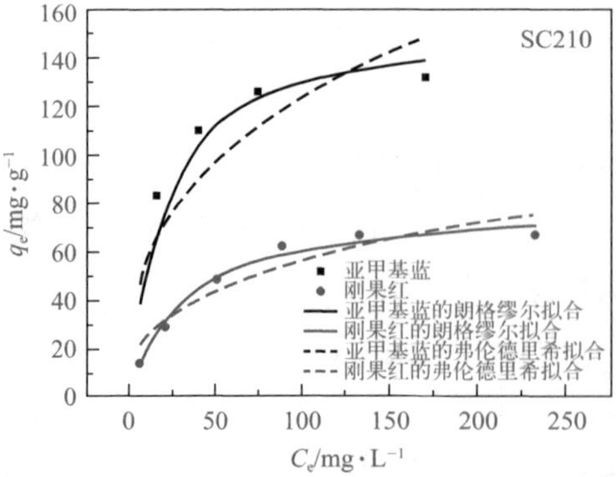

(a) SC210

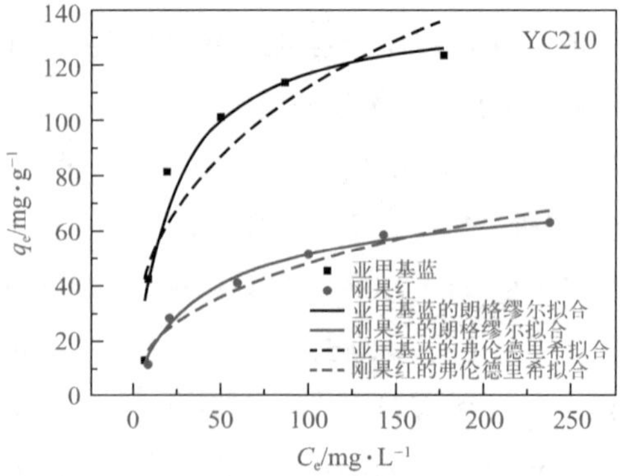

(b) YC210

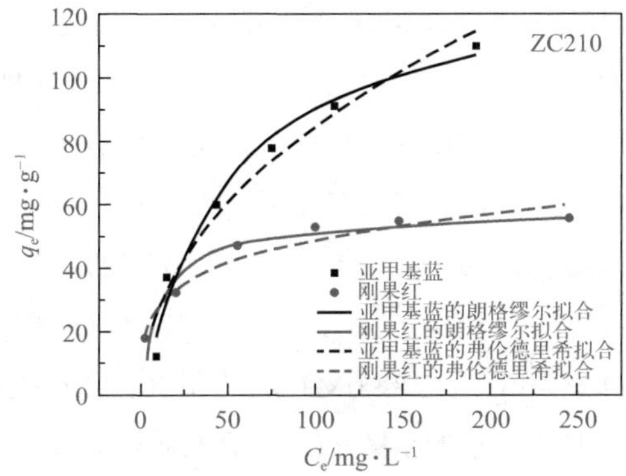

(c) ZC210

图2-13 SC210、YC210和ZC210吸附MB和CR的等温线曲线

（原液pH，吸附剂量50mg，MB、CR溶液浓度均为20～300mg·L^{-1}，t=24h，25℃，200r·min^{-1}）

表2-10 SC210、YC210和ZC210吸附MB和CR的等温曲线拟合参数

样品	污染物模型	Langmuir 模型			Freundlich 模型		
		q_m/mg·g^{-1}	K_L/L·mg^{-1}	R^2	K_F	n	R^2
SC210	MB	155.235	0.051	0.902	25.374	0.344	0.729
	CR	80.646	0.030	0.981	11.138	0.351	0.877
YC210	MB	141.515	0.049	0.871	22.596	0.348	0.774
	CR	73.473	0.025	0.974	8.031	0.390	0.936
ZC210	MB	135.088	0.019	0.973	9.806	0.467	0.946
	CR	56.863	0.094	0.930	16.871	0.230	0.925

2.4 本章小结

本章探究了在不同水热温度、不同水热时长、一定物料比和加热速率的条件下，制备得到的固体产物的形貌特征、化学结构、碳转化性能、表面官能团以及能量特性。主要结论如下。

① 通过化学组成、SEM图和Van Krevelen图分析可知，在210℃时，出现由半纤维素经过脱水、脱羧、缩合、聚合和芳构化过程生成的大小不一的炭微球。230℃以上时，出现由纤维素热解产生的炭微球、可溶性木质素碎片和木质素晶体的芳香结构炭材料。250℃以上时，出现由半纤维素、纤维素和可溶性木质素热解形成的炭微球与由结晶区纤维素和稳定的木质素晶体结构形成的非炭微球炭材料。

② 高温更有利于形成缩合的芳香结构，H/C和O/C比值减小，产量下降，固

碳率、碳含量、HHV值以及能量致密化因子都呈现上升趋势。290℃、48h条件下ZC*n*＞SC*n*＞YC*n*，固碳率分别为54.34%、53.52%和51.87%，碳含量最高分别达到78.393%、77.573%和74.295%。HHV值ZC*n*＞YC*n*＞SC*n*，最高分别达到30.65MJ·kg^{-1}、29.92 MJ·kg^{-1}和27.53 MJ·kg^{-1}。270℃、48h条件下，ZC*n*＞SC*n*＞YC*n*，碳含量最高分别达到75.232%、72.967%和70.322%，固碳率分别为54.09%、51.63%和49.75%。沙柳、杨木和樟子松碳化物的HHV值最高分别在12h、4h和4h，对应值最高分别为30.24 MJ·kg^{-1}、28.90MJ·kg^{-1}和30.19MJ·kg^{-1}。

③ 拉曼、XRD、FTIR和^{13}C NMR分析证明木质纤维素在250℃、48h条件下，最终产物主要为聚芳香结构、烷基碳次之的无定形炭材料，并在其表面生成新的羧基和羰基官能团。

④ 经过吸附MB和CR试验证明吸附阳离子有机污染物MB能力较强，最大吸附量分别为SC210（155.235mg·g^{-1}）、YC210（141.515mg·g^{-1}）和ZC210（135.088mg·g^{-1}）。

第三章 木质纤维素炭材料功能化改性及吸附性能研究

3.1 引言

由于工业迅速发展，导致水源污染严重，饮用水安全也受到威胁，水污染已成为人类日益关注的问题。同时，人口和经济的增长也导致水的需求增加、水资源减少和水污染加剧。四环素类抗生素是一大类废水污染源，会严重伤害浮游生物和藻类，并且可能导致抗生素耐药性细菌的生长，对生态造成长期的负面影响。其次，合成染料也已成为工业废水的主要污染物。废水中的大部分染料含有不可降解的芳香结构，被认为具有毒性甚至致癌性，对人类健康和生态安全造成了很大的威胁。因此，对含染料废水的处理和处置已引起世界各国的关注。

本章，我们利用简单的一步热液金属浸渍法制备金属盐改性生物炭，采用SEM、XRD、FT-IR、XPS、元素分析法和N_2吸附-脱附等表征手段对比分析不同类型的金属盐［$FeCl_3\cdot6H_2O$、$CuSO_4\cdot5H_2O$、钛酸四丁酯（$C_8H_{20}O_4Ti$）、$Na_2MoO_4\cdot2H_2O$、$ZnCl_2$、$NiSO_4\cdot7H_2O$、$Al(NO_3)_3\cdot9H_2O$和$MgCl_2\cdot6H_2O$］对生物炭的形貌、结晶度变化、表面官能团分布情况的影响。重点分析金属Mo盐改性生物炭材料（Mo-ZC）吸附四环素的机理，拓展改性生物炭金属盐的种类，提高木质纤维素炭材料的吸附能力。

3.2 试验部分

3.2.1 试验材料

本章使用的试验原料与试剂见表3-1。

表 3-1 试验原料与试剂

名称	规格（纯度）	生产厂家
沙柳废弃物	—	—
三氯化铁六水合物	分析纯/AR	上海麦克林生化科技有限公司
硫酸铜	分析纯/AR	上海麦克林生化科技有限公司
钛酸四丁酯	分析纯/AR	上海麦克林生化科技有限公司
氯化锌	分析纯/AR	上海麦克林生化科技有限公司
硫酸镍七水合物	分析纯/AR	上海麦克林生化科技有限公司
硝酸铝九水合物	分析纯/AR	上海麦克林生化科技有限公司
六水合氯化镁	分析纯/AR	福晨（天津）化学试剂有限公司
二水合钼酸钠	分析纯/AR	上海麦克林生化科技有限公司
无水乙醇	≥99.7（质量分数）/AR	上海麦克林生化科技有限公司
氢氧化钠	分析纯/AR	上海麦克林生化科技有限公司
稀盐酸	20%（质量分数）/AR	上海麦克林生化科技有限公司
亚甲基蓝	分析纯/AR	上海麦克林生化科技有限公司
去离子水	分析纯/AR	自制
硫代乙酰胺	分析纯/AR	上海麦克林生化科技有限公司
过硫酸钾	分析纯/AR	上海麦克林生化科技有限公司
四环素	分析纯/AR	上海麦克林生化科技有限公司
刚果红	分析纯/AR	上海麦克林生化科技有限公司
亚甲基蓝	分析纯/AR	上海麦克林生化科技有限公司

3.2.2 试验设备

本章使用的试验设备见表2-2。

3.2.3 试验步骤

将5g樟子松木粉溶解在60mL去离子水中，磁力搅拌半小时，加入3g过硫酸钾（$K_2S_2O_8$），然后加入0.02mol的金属盐。磁力搅拌30min后，将混合物转移到不锈钢高压釜中的聚四氟乙烯瓶（100mL）中。将高压釜放入马弗炉中，温度210℃加热4h，将混合物自然冷却，分别用去离子水和无水乙醇洗涤三次。通过离心收集最终产物。不同种类的金属盐{$FeCl_3·6H_2O$、$CuSO_4·5H_2O$、钛酸四丁酯［$C_8H_{20}O_4Ti$；$(CH_3CH_2O)_4Ti$］、$Na_2MoO_4·2H_2O$、$ZnCl_2$、$NiSO_4·7H_2O$，$Al(NO_3)_3·9H_2O$和$MgCl_2·6H_2O$}改性后的生物炭分别记为Fe-ZC、Cu-ZC、Ti-ZC、Mo-ZC、Zn-ZC、Al-ZC、Ni-ZC与Mg-ZC。樟子松生物质原料未加金属盐制备的生物炭记为ZC。樟子松原料记为Z。

3.2.4 四环素吸附试验研究

3.2.4.1 吸附 TC 平衡试验

以去离子水为溶剂，配制TC污染物模型初始浓度C_0（10mg·L^{-1}、25mg·L^{-1}、50mg·L^{-1}、100mg·L^{-1}、200mg·L^{-1}、300mg·L^{-1}、500mg·L^{-1}），各量取50mL，分别放入100mL锥形瓶中，然后分别加入25mg吸附剂，封口，将混合液在25℃恒温摇床中振荡一定时间。抽取上清液并用0.45μm的滤膜过滤。用紫外分光光度计（L8 L9 ，仪电，中国）测定其在357nm处的吸收峰。根据标准曲线计算吸附质溶液的浓度，并计算吸附量。吸附剂对TC的吸附量q（mg·g^{-1}）可用公式（2-5）计算。

3.2.4.2 吸附 TC 影响因素试验

向一系列100mL的玻璃瓶中加入50mL的TC溶液，加入25mg吸附剂，分别改变溶液的pH值（1～12）、吸附温度T（25～45℃），将玻璃瓶密封后置于恒温摇床中，振荡速度为200r·min^{-1}，直至吸附达到平衡。抽取上清液并用0.45μm的滤膜过滤，采用公式（2-5）计算TC的吸附量。

3.2.4.3 吸附 TC 等温线试验

取50mL一系列C_0为10～500mg·L^{-1}的TC溶液于50mL玻璃瓶中，控制T=25℃，吸附剂质量m=25mg，密封后于水浴摇床中以200r·min^{-1}的速度振荡24h至吸附平衡。样品处理和测定方法同吸附影响因素试验。

3.2.4.4 吸附 TC 动力学试验

量取25mg吸附剂，将其加入浓度为100mg·L^{-1}的TC溶液中，然后将混合液在25℃、35℃和45℃的水浴摇床中振荡，振荡频率为200r·min^{-1}，每隔一定时间取出5mL溶液，并用0.45μm的滤膜过滤。测定取出这一刻的浓度，至溶液浓度不再变化。

3.2.4.5 吸附动力学模型

吸附动力学模型主要用来描述吸附速率，进而了解吸附过程机理。本文主要用准一级动力学模型、准二级动力学模型进行拟合分析。

准一级动力学模型的表达式如下：

$$\frac{dq_t}{d_t}=k_1(q_e-q_t) \tag{3-1}$$

准二级动力学模型的表达式如下：

$$\frac{dq_t}{d_t}=k_2(q_e-q_t)^2 \tag{3-2}$$

式中，q_e为平衡时吸附量，mg·g^{-1}；q_t为t时刻吸附量，mg·g^{-1}；k_1，k_2为准一级与准二级吸附速率常数，g·mg^{-1}·min^{-1}。

3.2.4.6 吸附等温线模型

详见2.2.5。

3.2.4.7 再生性试验

用碱性溶液洗涤吸附剂并进行超声波处理，并在每个吸附循环后测量其吸附效率。再生的Mo-ZC解吸试剂直接应用于下一个吸附循环。通过离心和干燥收集Mo-ZC，并将吸附-再生试验循环5次。试验条件为：TC浓度100mg·L^{-1}，溶液体积50mL，吸附剂用量25mg，温度25℃，振荡时长24h。

3.2.4.8 吸附剂多功能性测试

为了研究不同金属盐改性生物炭的吸附多功能性，还选择了亚甲基蓝（MB）和刚果红（CR）作为污染物模型。所有实验均在25℃下进行24h，达到吸附平衡，并检测了这两种污染物在Mo-ZC和Zn-ZC的饱和吸附量。

3.2.5 测试与表征

扫描电子显微镜（SEM）测试：将试样用导电胶固定在专用样品台上，然后对其喷金处理；用日立S-3400 N型扫描电镜观察样品微观形貌，加速电压为10kV。

红外光谱（FTIR）测试：使用NicoletMagna-IR750型傅里叶变换红外光谱仪进行测试，对样品表面官能团进行分析。采用KBr压片制备试样，扫描范围为400～4000cm^{-1}，分辨率为4cm^{-1}。

N_2吸附-脱附测试：利用全自动比表面积及孔隙度分析仪（Autosorb-IQ-MP）对样品多孔结构进行表征，测量范围：孔隙度3.5～5000Å（1Å=0.1nm）；比表面积＞$0.0005m^2 \cdot g^{-1}$。通过BET法获得样品的表面积，利用等温线的解吸分支使用Barret-Joyner-Halenda（BJH）法分析其孔径分布（PSD）和孔体积。

X射线衍射（XRD）测试：使用ESCA-14型XRD衍射仪对样品进行结晶度和晶型结构分析，铜靶测试的波长λ=0.154nm，扫描速度为$4° \cdot min^{-1}$，扫描范围2θ=10°～80°。

X射线光电子能谱（XPS）测试：在Escalab 250Xi光谱仪上进行，该光谱仪配备单色Al Kα X射线源（1486.6eV），功率100 W。

ICP电感耦合等离子：ICP原子发射光谱仪（ICP-AES）检测Fe、Cu、Ti、Mo、Zn、Al、Ni和Mg的含量。

元素微量分析：通过元素分析仪（Vario EL）分析C、H、O、N、S的含量。

Zeta电位测试：利用Malvern Zetasizer Nano ZS90型纳米粒度电位仪测定。

3.3 结果与讨论

3.3.1 SEM分析

如图3-1所示，SEM观察了在210℃、4h条件下，在过硫酸钾辅助下，由不同金属盐改性后所制备材料的表面形貌和微观结构。APS具有很强的氧化作用，酸性条件可以促进纤维素和木质素降解为可溶性糖。

图3-1（a）未加金属盐改性生物炭，有球形炭出现，主要是由半纤维素和纤维素通过降解聚合而成，而未成球形结构的碳属于木质素碳化后的结构，在第2章中，我们进行过详细深入的分析。图3-1（b）为Fe离子辅助下制备的生物炭，未见到球形结构，主要保留了木质素碳化结构形态；图3-1（c）为Cu离子辅助条件下，出现分散性较好且比较光滑规则的炭微球状形貌，$CuSO_4$能够促进纤维素材料的水解，使高结晶度的纤维素形成炭微球。说明Cu离子可以促进纤维素炭微球形态的形成，而未成球形结构的主要是木质素碳化结构；图3-1（d）为Ti离子辅助下出现球状和多孔状聚集体形貌，木质素结构基本被破坏，可能在水热过程中，由于存在过硫酸钾氢氧化物，因此炭材料表面会形成大量含氧官能团，这些含氧官能团与钛酸根离子发生化学反应形成钛的氧化物，且与炭材料的复合性很好；图3-1（e）为Mo离子辅助下出现多孔空心球状物聚集体形貌，在过硫酸钾辅

助下，炭材料表面形成大量含氧官能团，与Mo离子螯合后，又被水热溶液中的含氧官能团氧化形成Mo的氧化物，这种多孔结构可能是捕获和吸附废水中污染物的一种有前景的材料。多孔状结构之间的间隙通过静电吸引与污染物相互作用，但依旧可以看到木质素碳结构的存在。图3-1（f）为Zn离子辅助下未见木质素碳结构出现球形形貌；图3-1（g）为Al离子辅助下出现少量炭微球结构和Al化合物球形结构，木质素碳结构仍然保留，未被破坏；图3-1（h）为Ni离子辅助下，未见球状结构，木质素碳结构仍被保留；图3-1（i）为Mg离子辅助下出现较多的球状结构，与Cu离子辅助作用类似，木质素碳结构也没有被破坏。

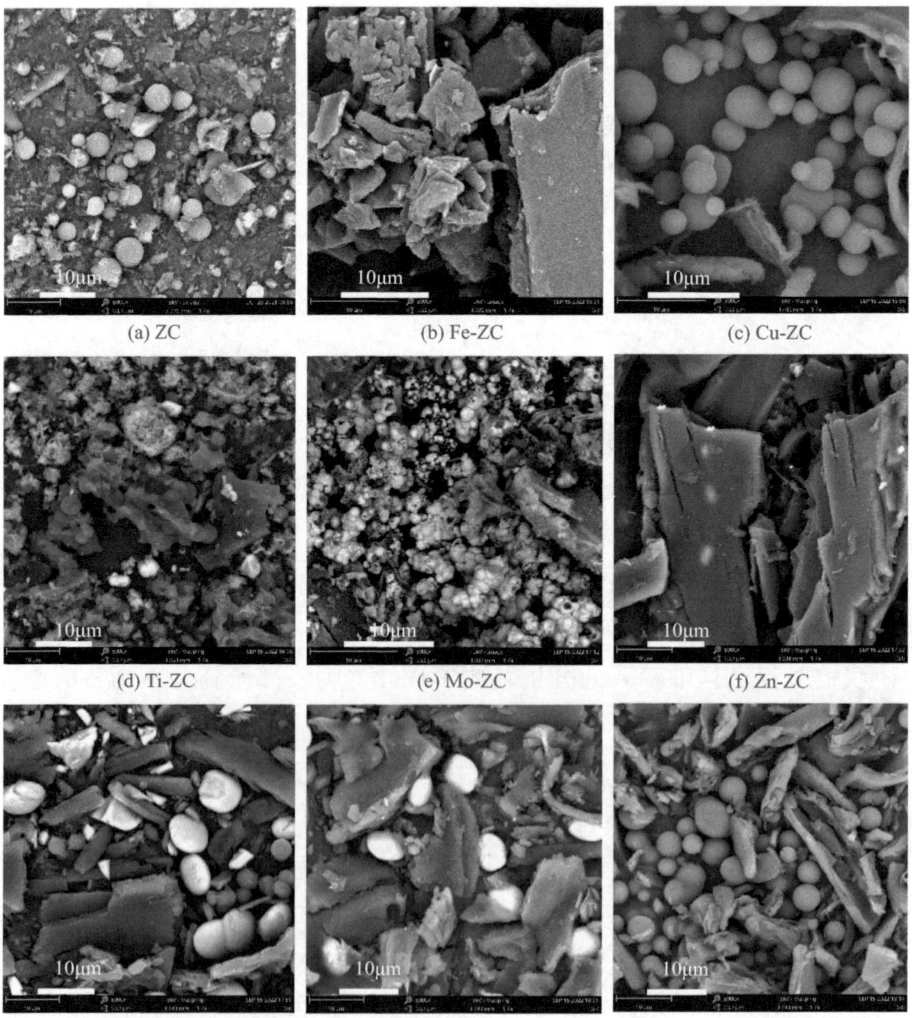

图3-1　不同金属盐改性生物炭的SEM图

因此，从表面形貌分析发现，未加金属盐的生物炭和有Cu盐、Mg盐参与下的生物炭出现炭微球结构；Al盐和Ni盐参与下有少量炭微球和金属氧化物出现；Fe盐和Zn盐参与下未见任何形貌的炭微球，保留了木质素碳结构；而Ti盐和Mo盐参与下生物炭形貌结构发生了很大的破坏，出现多孔类球状结构。

之前的报告发现，碱金属氯化物和碱土金属氯化物，尤其是过渡金属氯化物在纤维素转化为乙酰丙酸的过程中表现出高催化活性。金属离子起到“催化剂”的作用，加快了聚合反应速度，促进胶体或聚集体的形成。之后，金属离子溶解到溶液中并参与其他反应。然而，高反应温度和金属离子的催化加速了炭微球的反应速度，因反应速度太快，无法确保可溶性物种被均匀吸附在碳氢化合物表面，非均相吸附的发生导致不同颗粒表面的生长速度不同，因此产品的形貌也不相同。炭微球的形成，主要来源于半纤维素和纤维素，对于木质素，即使在金属离子的辅助下也依然很难形成球形结构，这主要受限于木质素的高耐热性。

3.3.2 电感耦合（ICP）分析

由表3-2可知不同金属盐改性生物炭后金属元素的含量。其中$FeCl_3\cdot 6H_2O$、$CuSO_4\cdot 5H_2O$、$ZnCl_2$、$NiSO_4\cdot 7H_2O$和$MgCl_2\cdot 6H_2O$改性后生物炭中对应的金属元素含量很低，均低于1%，说明这几种金属盐在生物质HTC过程中更多的作用可能是作为一种催化剂，起到促进脱水和芳构化的作用，加速生物炭的碳化。而钛酸四丁酯、$Na_2MoO_4\cdot 2H_2O$、$Al(NO_3)_3\cdot 9H_2O$改性后的生物炭中对应的金属元素含量较高，说明这几种金属盐除了能够促进水热碳化，还可能与生物炭发生了一定的化学反应，产生了新的物质。

表3-2 不同金属盐改性生物炭后金属元素的含量

金属	Fe-ZC	Cu-ZC	Ti-ZC	Mo-ZC	Zn-ZC	Al-ZC	Ni-ZC	Mg-ZC
元素	Fe	Cu	Ti	Mo	Zn	Al	Ni	Mg
含量/%（质量分数）	0.9665	0.1033	10.8163	19.9376	0.0015	6.5522	0.9758	0.0458

3.3.3 元素分析

由表3-3可知，金属盐改性生物炭、未改性樟子松生物炭（ZC）与原料樟子松粉末（Z）相比，属于典型的水解、脱水、聚合和芳构化过程。而与未改性樟子松生物炭相比，元素含量具有如下变化：C显著增多，H、N含量也有所增加，其余基本都呈现下降趋势，然而，O（19.33%～34.19%）（除了Ti-ZC）、S（0.33%～7.00%）的含量都有所增加，尤其是Fe-ZC、Ti-ZC、Al-ZC和Ni-ZC增量明显，这是源于过硫酸钾的参与。O/C原子比升高，H/C原子比下降，表明金属盐参与了生物质HTC的反应，并保留了更多的含氧官能团。

表3-3　不同金属盐改性生物炭、未改性樟子松生物炭（ZC）和原料樟子松粉末（Z）及其碳氢化合物的近似分析

样品	最终分析 /%（质量分数）					原子比 /%		
	C	H	N	O	S	O/C	H/C	N/C
Fe-ZC	63.08	3.23	0.32	29.59	1.24	0.20	0.61	0.004
Cu-ZC	66.75	4.54	0.49	26.82	0.92	0.20	0.82	0.006
Ti-ZC	45.01	3.10	0.19	19.33	1.30	0.82	0.83	0.004
Mo-ZC	39.04	2.94	0.25	26.22	0.33	0.30	0.90	0.005
Zn-ZC	60.24	4.05	0.25	34.19	0.70	0.32	0.81	0.004
Al-ZC	34.63	2.95	1.09	32.70	7.00	0.64	1.02	0.027
Ni-ZC	57.36	3.83	0.21	28.96	2.69	0.33	0.80	0.003
Mg-ZC	68.77	4.57	0.22	24.14	0.76	0.22	0.80	0.003
ZC	70.65	6.07	0.48	22.60	0	0.14	1.03	0.006
Z	49.11	6.51	0.18	44.81	0	0.77	1.51	0.003

图3-2为生物炭芳香度状态的Van Krevelen可视化图，显示了生物质原料樟子松粉末（Z）、未改性生物炭（ZC）和不同金属盐改性生物炭（M-ZC）的H/C和O/C比值函数变化趋势。生物质经碳化过程形成生物炭是典型的脱水和芳构化过程，也就是以H和O含量降低为主的反应过程。而生物炭在不同金属盐参与下发生的反应趋势各不相同，其中Fe-ZC、Cu-ZC和Mg-ZC的变化趋势非常相似，其次是Mo-ZC、Zn-ZC和Ni-ZC的变化较为接近，都是以脱水为主的过程，AL-ZC和Ti-ZC有脱水过程，但更趋向于以去甲烷化为主的过程。由此可见，从生物质直接向改性后生物炭转化的总趋势是脱水和芳构化过程，与未改性生物炭相比具有更为丰富的含氧官能团。主要原因是加入的过硫酸钾具有较强的氧化活性，氧化作

用越强，氧含量越高。其次是在过硫酸钾这种强氧化性和酸性条件下，金属盐主要以离子形式存在，金属离子可能起到“催化剂”的作用，通过静电吸引、分子间作用力、螯合作用，甚至大分子与线性树枝状低聚糖进行相互作用，从而保留了更多的含氧官能团。

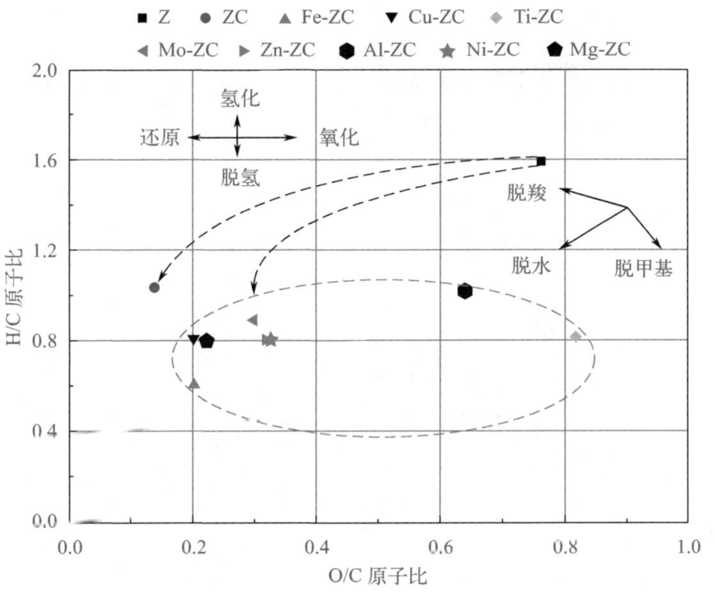

图3-2 不同金属盐改性生物炭、未改性樟子松生物炭（ZC）和樟子松粉末（Z）的Van Krevelen可视化图

3.3.4 XRD分析

为了进一步确认不同金属盐对木质纤维素生物炭结构的影响，进行了不同金属盐改性生物炭之后的XRD分析。结果如图3-3（a）所示。Fe-ZC、Cu-ZC和Mg-ZC的XRD图谱中在12°～30°的2θ范围内，宽而高的峰可归因于木质纤维素在210℃下碳化后产生的无定形碳峰，但是没有对应的Fe、Cu和Mg及相关的化合物结晶峰存在。尽管加入的过硫酸钾可以增加炭材料表面含氧官能团的数量，能将金属离子更多地螯合在炭材料的表面，但由电感耦合分析可知，这几种金属盐改性后的生物炭中对应金属元素的含量少，由此也说明生物炭可能对Fe、Cu和Mg这几种金属离子的吸附能力很弱，而这几种金属盐在生物质热转化过程中主要是起到加速碳化的作用，也就是相当于生物炭的碳化过程的催化剂。这与元素分析结果一致。

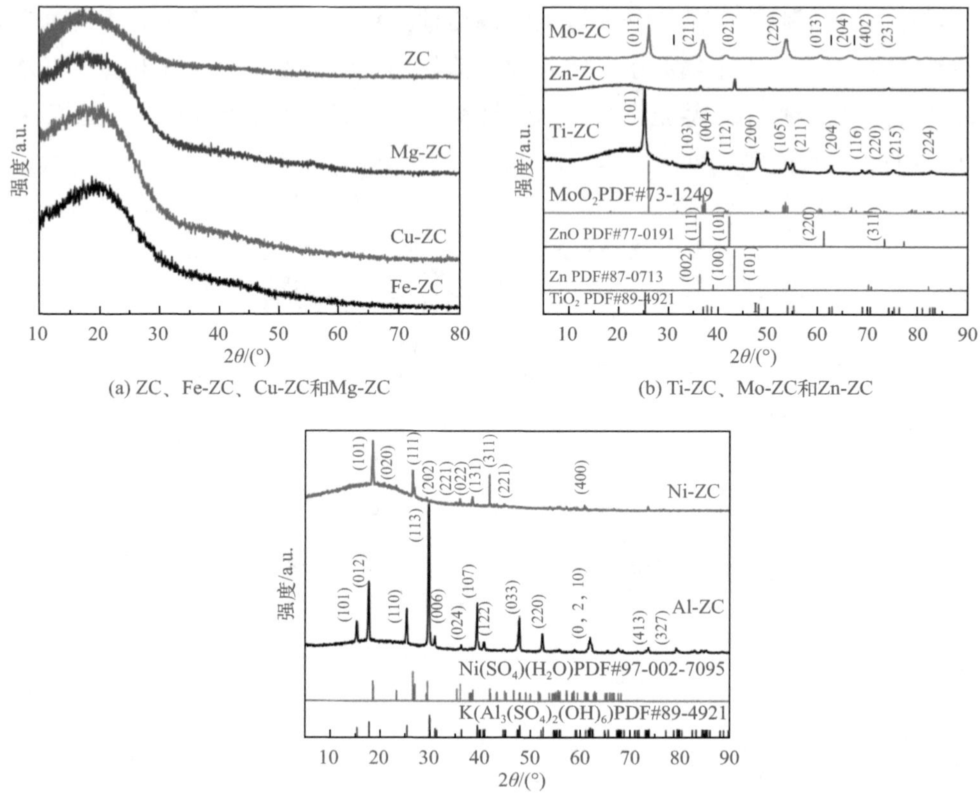

(a) ZC、Fe-ZC、Cu-ZC和Mg-ZC

(b) Ti-ZC、Mo-ZC和Zn-ZC

(c) Ni-ZC和Al-ZC

图3-3 不同金属盐改性生物炭的XRD图

如图3-3（b）所示，Mo-ZC的XRD图呈现出MoO_2纳米颗粒的特征峰。在2θ=26°、36.9°、41.6°、53.5°、60.5°、66.8°、66.1°和72.4°处的峰对应于MoO_2的（011）、（−211）、（021）、（220）、（013）、（−204）、（−402）和（231）晶面。Ti-ZC的XRD图呈现出，与TiO_2纳米颗粒的特征峰对应的25.1°、36.8°、37.7°、38.6°、47.9°、53.9°、55°、62.7°、68.8°、70.2°、75°和82.6°处的峰分别对应于（101）、（103）、（004）、（112）、（200）、（105）、（211）、（204）、（116）、（220）、（215）和（224）晶面，说明木质纤维素在水热过程中水解后的产物与钛酸四丁酯、钼酸根离子发生氧化和还原反应，生成了新的产物TiO_2和MoO_2，在水热反应过程中生成的生物炭进一步将金属氧化物包裹在内部，形成对应的氧化物与生物炭的多孔复合物，Mo-ZC的XRD图中未见到无定形碳峰，可能是由于钼酸钠与生物炭的氧化反应比较强烈，碳含量相对较少。但是Ti-ZC的XRD图中在12°～30°的2θ范围内可见到宽的无定形碳峰。Zn-ZC的XRD图对应的ZnO和Zn纳米颗粒的特征峰在2θ=36.3°、

42.2°、61.2°和73.3°处分别对应于（111）、（101）、（220）和（311）晶面。Zn纳米颗粒的特征峰在2θ=36.3°、39.1°和43.1°处分别对应于（002）、（100）和（201）晶面，在12° ～30°的2θ范围内可见到宽的碳峰，说明金属锌被掺杂到了生物炭基体中，进一步证明生物炭产生过程中和锌离子发生了氧化还原反应。尽管通过电感耦合分析，Zn元素含量很少，但是也能说明生物炭表面的含氧官能团与锌离子产生了螯合作用，生物炭对锌离子有一定的吸附作用。

从图3-3（c）中可知，Al-ZC中出现了明矾石对应的峰，说明硝酸铝在改性生物炭过程中，与过硫酸钾反应，生成明矾石，这也解释了电感耦合分析中发现生物炭中Al含量较多的原因。同时在12° ～30°的2θ范围内观察到宽的无定形碳峰，说明明矾石已经被掺杂到生物炭基体中。而硫酸镍在改性生物炭过程中，促进了生物炭的生成，这一点可以从图中在12° ～30°的2θ范围内的宽而高的峰可知，同时存在的尖锐的结晶峰对应于有硫酸镍水合物的存在。

3.3.5 FRIT 分析

吸附剂的化学组成和表面官能团的存在都影响吸附性能。由图3-4中可观察到金属盐改性生物炭的碳化产物与未改性生物炭具有相似的特征峰。在3000～3700cm^{-1}和2800～3000cm^{-1}处观察到的宽峰属于酚或醇（—OH）和脂肪族C—H的伸缩振动。1800～1650cm^{-1}处的能带可以归因于C═O（羰基、醌、酯或

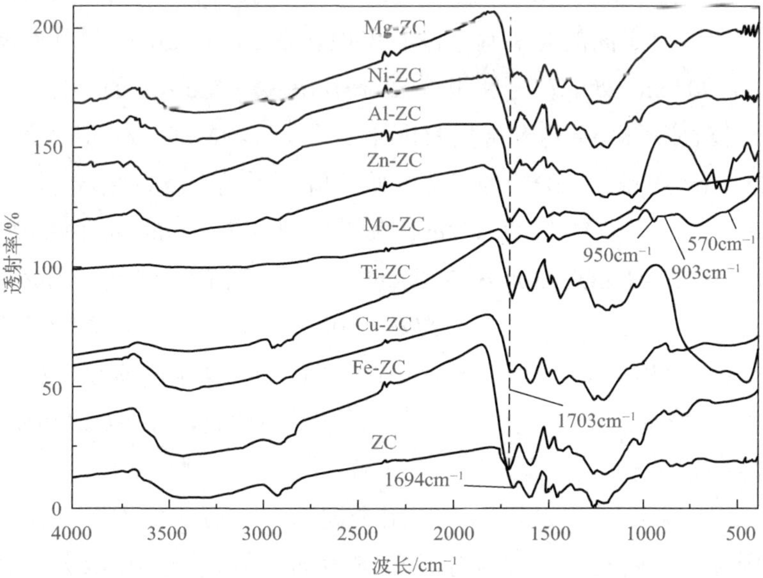

图3-4　不同金属盐改性生物炭与未改性生物炭的红外图

羧基），1650～1500cm^{-1}属于芳香环骨架C═C的伸缩振动。1450～1300cm^{-1}区域对应C—H的弯曲振动，1300～950cm^{-1}对应于C—O（羟基、酯和醚）的拉伸振动。在1100cm^{-1}处出现的条带被认为是C—O的拉伸振动，说明在相互作用过程中，氧可能从反应中间体转移到了炭材料的表面。400～800cm^{-1}附近的峰属于金属氧化物基团（M—O），在Ti-ZC、Mo-ZC、Zn-ZC和Al-ZC中均检测到强度不同的特征峰。

从图3-4中可以观察出未添加金属盐的生物炭和添加金属盐的生物炭的不同点是峰型强度发生了明显的变化，金属盐改性后的生物炭的FTIR光谱发生了蓝移。部分金属改性生物炭还出现了新的特征峰。其中，Fe-ZC、Cu-ZC、Mg-ZC、Zn-ZC和Ti-ZC在3000～3700cm^{-1}之间出现了比ZC宽的峰，强度降低。这是金属盐促进了生物质在水热过程中的脱水而使峰形变宽。同样在3000～2800cm^{-1}、1450～1300cm^{-1}和900～650cm^{-1}之间的C—H的伸缩振动峰强度也显著降低，说明在金属盐参与的水热反应中，生物质C—H键断裂发生了去氢化过程或去甲基化过程。这与元素分析、XRD分析的结果一致。在1300～950cm^{-1}区间对应于C—O（羟基、酯和醚）特征强度明显降低甚至消失，证明金属盐参与的生物炭反应过程中生物质中的环醚结构和桥氧键发生断裂，表明生物质经过水热反应后生成富含C═C双键的炭材料，Fe-ZC、Cu-ZC和Mg-ZC的C═C峰强度高于其他样品。在Fe-ZC、Cu-ZC和Mg-ZC中未观察到有新峰出现，说明这几种金属离子未与生物炭结合生成新的物质，这与XRD分析结果也是一致的。而Mo-ZC在3000～3700cm^{-1}和3000～2800cm^{-1}之间的峰值基本没有出现，在1000～500cm^{-1}处的峰形发生了明显的变化，903cm^{-1}处的信号和557cm^{-1}与Mo—O—Mo单元的拉伸振动相关，峰值在950cm^{-1}对应于Mo═O末端氧的拉伸模式，说明MoO_2-ZC中存在MoO_x产物。Zn-ZC在436cm^{-1}出现Zn—O的伸缩振动吸收峰，说明有ZnO生成物，这在XRD中也得到了证实。同样，Ti-ZC在472cm^{-1}处也出现了Ti—O的伸缩振动峰，与XRD分析结果相一致。Al-ZC在3000～3700cm^{-1}之间出现了比ZC更强的峰，这可能是由于明矾石中含有大量结合水。在500～700cm^{-1}之间出现新的特征峰，对应于Al—O键。Al-ZC和Ni-ZC在1800～1650cm^{-1}之间的峰值也明显强于ZC，说明Al和Ni与生物质中的氧原子发生反应，生成了对应的氧化物，Al—O键和Ni—O键可以增加生物炭表面官能团的数量。

因此，相比未改性生物炭而言，用金属盐改性后的生物炭不仅能加深生物炭的碳化程度，同时也可以增加生物炭的表面含氧官能团和部分金属氧化物的数量。

3.3.6 BET 分析

使用BET法测量制备材料的比表面积和孔径。制备材料的N_2吸附-解吸等温线和孔径分布曲线如图3-5所示。所有样品均表现出Ⅳ型等温线，相对压力（P/P_0）范围0.2～0.9之间存在明显的迟滞回线，说明其吸附能力较强，表明其结构以介孔为主。

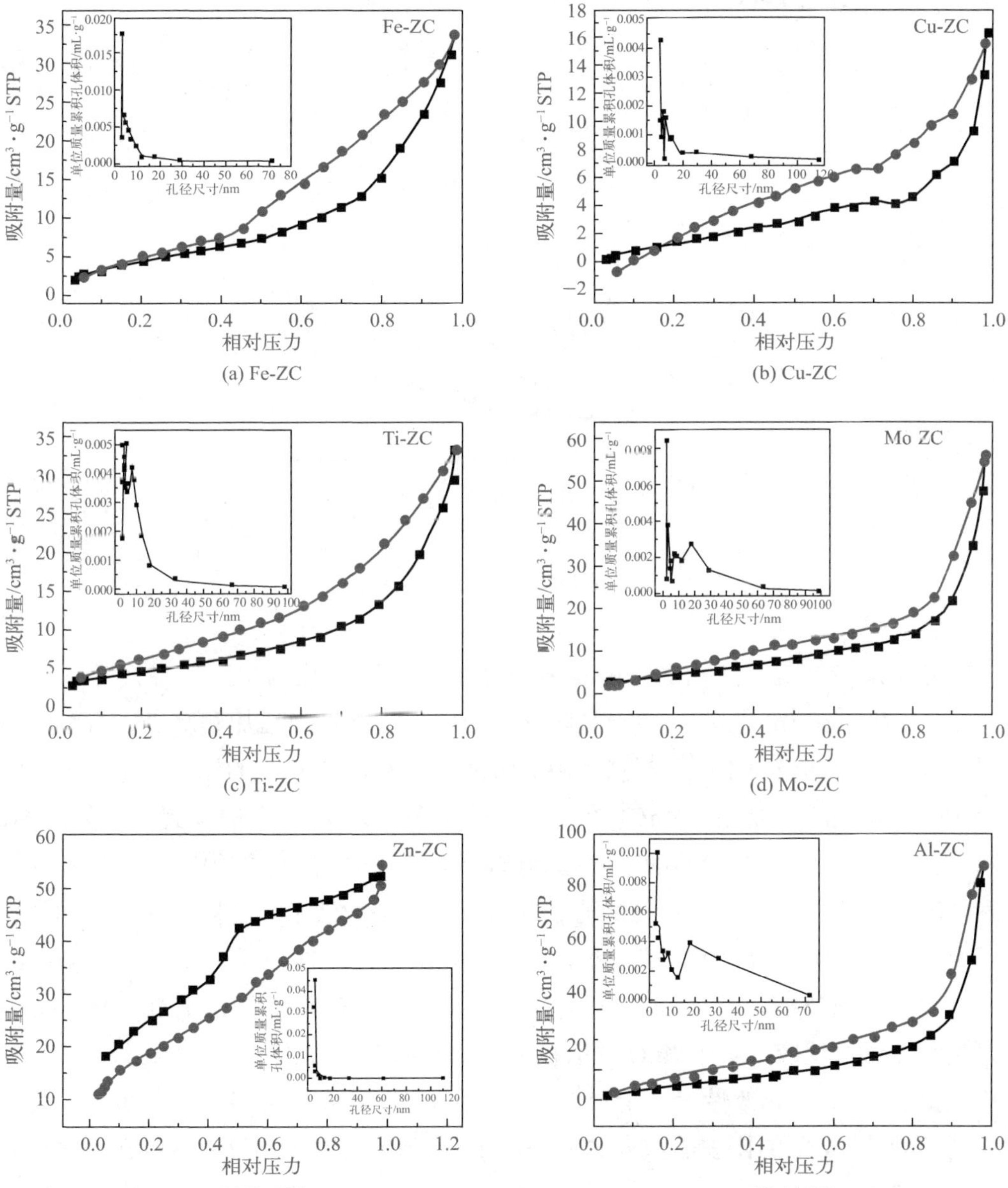

图3-5

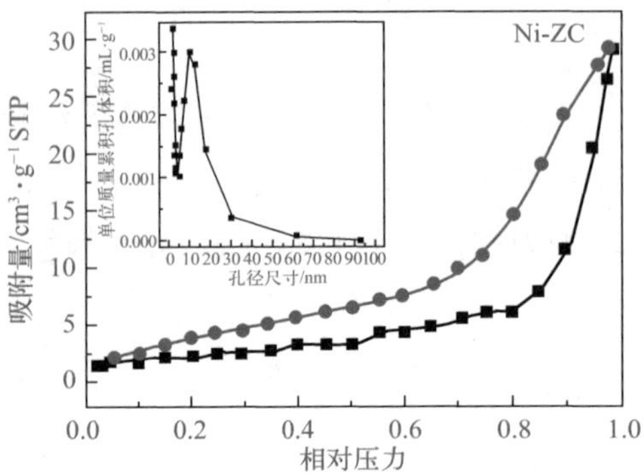

(g) Ni-ZC

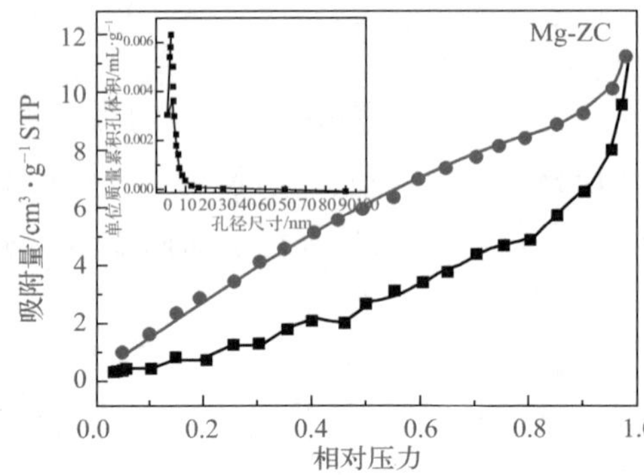

(h) Mg-ZC

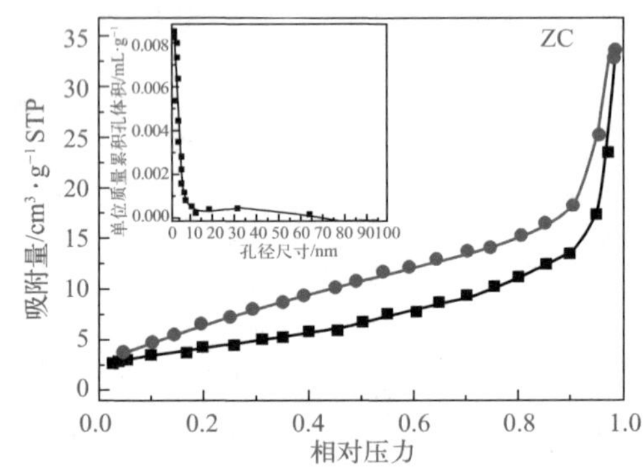

(i) ZC

图3-5　N_2吸附-解吸等温线和孔径分布曲线

除了Ni-ZC属于微孔之外，金属改性生物炭以中孔为主，孔径尺寸都大于2nm，且集中在4nm左右。由于吸附支路和解吸支路逐渐增加和减少，材料的迟滞回线分别接近极限压力。材料孔隙的特征见表3-4，Zn-ZC的比表面积最大，约为70.234$m^2 \cdot g^{-1}$，是由于$ZnCl_2$在水热反应过程中Zn离子会进入到炭材料内部，$ZnCl_2$在热解过程中对羟基的去除起到催化作用，使生物质中的H和O从结构中蒸发并转化为蒸发水。这一过程加速了脱水反应，并激活了生物炭，在样品中创建了更多的孔结构，增大了比表面积，改善了孔隙结构。Ti-ZC和Mo-ZC具有多孔结构，比表面积分别为12.828$m^2 \cdot g^{-1}$和17.744$m^2 \cdot g^{-1}$。活化过程中MnO_x在Mo-ZC中发生氧化还原反应，其中MnO_x的氧被周围的碳捕获形成CO分子，当CO逸出时会产生更多的孔，Mo改性后无定形碳结构消失，表明Mo改性显著改变了生物炭中碳的结构。Fe-ZC的比表面积为17.627$m^2 \cdot g^{-1}$，因为Fe离子和过硫酸钾在水热反应过程中发生了芬顿反应，加速了氧化还原反应，电离出的氢、氧与周围的碳结合产生CH_4和CO，逸出后形成较多的孔，所以比表面积增大。Cu-ZC和Mg-ZC比表面积小的原因可能是金属离子作为催化剂加速了半纤维素和纤维素的分解形成炭微球，而炭微球是一种无孔材料，因此总比表面积减小。Al-ZC和Ni-ZC的比表面积较小可能是由于形成的明矾石和硫酸镍水合物阻塞了微孔。

表3-4　不同金属盐改性生物炭和未改性樟子松生物炭（ZC）近似分析

样品	比表面积 /$m^2 \cdot g^{-1}$	孔容 /$cm^3 \cdot g^{-1}$	孔径 /nm
Fe- ZC	17.627	0.052	4.327
Cu- ZC	9.507	0.026	3.833
Ti- ZC	12.828	0.055	3.809
Mo- ZC	17.744	0.087	3.412
Zn- ZC	70.234	0.061	3.816
Al- ZC	22.996	0.139	3.802
Ni- ZC	7.719	0.050	1.919
Mg- ZC	4.552	0.023	2.185
ZC	12.418	0.060	1.913

中孔有利于吸附质分子向微孔扩散输送，微孔作为吸附位点。中孔体积是生物炭吸附动力学的决定因素，Mo-ZC改性生物炭具有较宽的介孔峰值（约3.14～60nm），加上较大的介孔体积，使其比未改性生物炭具有更好的吸附动力学特性。

3.3.7　XPS 分析

XPS分析用于检查物质的元素组成、化学状态，以及物质的纯度。Mo-ZC的XPS扫描光谱曲线如图3-6所示，XPS元素含量计算结果见表3-5。在Mo-ZC曲线中确定了三种元素（C、O和Mo）。图3-6（b）分别显示了C元素电子结合能位置为284.8eV、285.8eV、286.8eV和288.2eV分别对应C—C/C═C、C—O、C—OH和C═O，占比分别为51.3%、27.2%、14.9%和6.6%。表明生物质的碳化程度和表面存在丰富的含氧官能团。图3-6（c）为Mo-ZC的O元素电子结合能位置为530.9eV、532.2eV和533.8eV分别对应C—O、C═O和—OH，占比分别为36.5%、35.8%和27.7%。Mo-ZC轮廓中539.9eV处的峰与MoO_2的晶格氧相关，532.2eV处的峰归因于化学吸附氧。相反，约533.8eV处的峰值归因于从生物质原料纤维素热解产生于生物炭表面的—OH基团的氧。图3-6（d）为Mo元素电子结合能位置为230.6eV和234.0eV分别对应Mo^{4+}的$3d_{5/2}$和$3d_{3/2}$，占比为21.1%；电子结合能位置为231.9eV和235.0eV分别对应Mo^{5+}的$3d_{5/2}$和$3d_{3/2}$，占比为23.1%；电子结合能位置为233.0eV和236.3eV分别对应Mo^{6+}的$3d_{5/2}$和$3d_{3/2}$，占比为55.8%。Mo-ZC中Mo^{6+}的氧化态可能是由于材料在空气中的轻微表面氧化所致，而低氧化态（Mo^{4+}）可以通过炭材料的存在来解释。更重要的是，Mo的复杂氧化态意味着Mo-ZC和碳骨架的无序界面处存在MoO_x。根据文献报道，具有氧空位的还原Mo物种（MoO_x）可以作为Lewis酸位点，并能够与羰基（C═O）中的孤电子对相互作用。四环素中存在很多C═O官能团，这是Mo-ZC吸附四环素能力较强的原因。

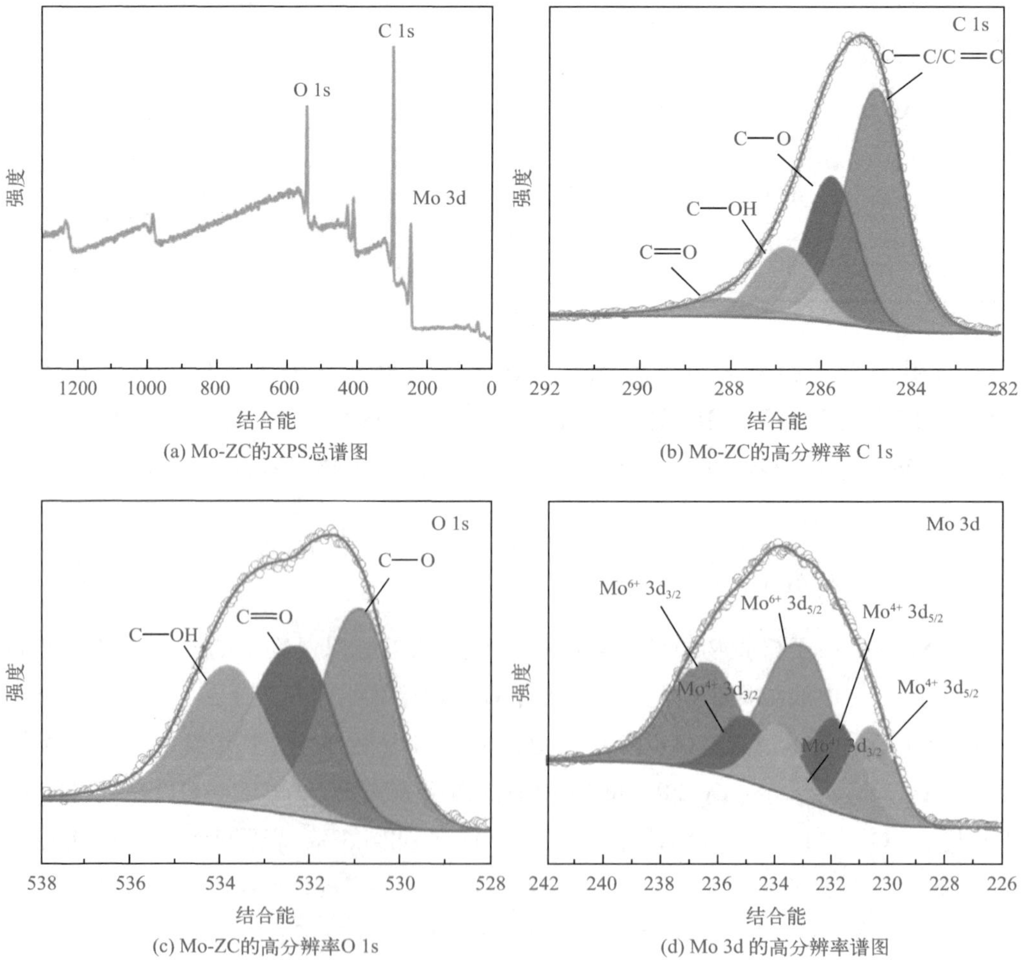

图3-6　Mo-ZC的XPS扫描光谱曲线

表 3-5　Mo-ZC XPS元素含量计算结果

样品	元素	C 1s				O 1s			Mo		
		C—C/C═C	C—O	C—OH	C═O	C—O	C═O	—OH	Mo^{4+}	Mo^{5+}	Mo^{6+}
Mo-ZC	含量/%	51.3	27.2	14.9	6.6	36.5	35.8	27.7	21.1	23.1	55.8

3.4　吸附性能研究

3.4.1　TC吸附能力比较

从图3-7中可知，Mo-ZC对四环素的吸附能力最强，其次是Zn-ZC和Fe-ZC。而其余几种金属盐改性后的生物炭吸附四环素的性能稍强于未改性的，但没有太大的提高。这可能主要归因于金属钼的引入，而Zn-ZC吸附量相对较大的原因，我们认为是其比表面积大，含氧官能团含量相对较高。鉴于其他金属盐改性生物炭吸附四环素的性能与Mo-ZC差距较大，我们将Mo-ZC吸附四环素作为重点研究对象，进一步分析其吸附机理。

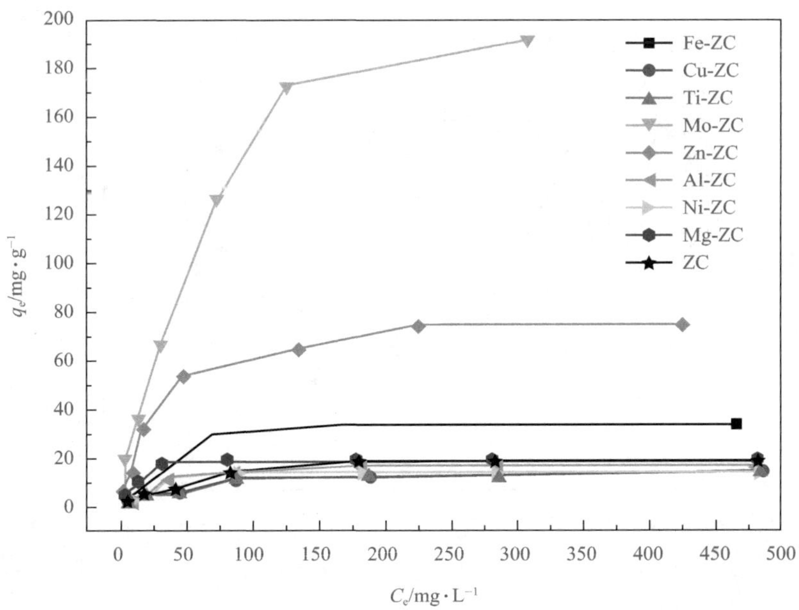

图3-7　不同金属盐改性生物炭和未改性生物炭（ZC）TC吸附能力平衡等温线图

（吸附剂用量25mg，TC浓度10～500mg·L^{-1}，TC溶液体积50mL，25℃，原液pH，振荡转速200r·min^{-1}，t=24h）

3.4.2 溶液 pH 值的影响

TC是一种具有多个电离官能团的两性分子，化学结构如图3-8所示，在不同的pH值下形成一系列不同的类型。TC是亲水的，主要的TC类型有：pH＜3.3时是$TETH_3^+$，3.3＜pH＜7.7时是TCH_2^0，7.7＜pH＜9.7时是TCH^-，pH＞9.7时是TCH^2。随着pH值的升高，TET的负电荷增加，这可能使其对生物炭基材料的吸附行为更加复杂。掺杂MoO_x的炭微球的表面电性会影响其吸附过程。Mo-ZC在2～12的pH范围内测量其Zeta电位如图3-9所示。Zeta电位估算Mo-ZC的零电位点（pHzpc）为约2.85。当pH值为2.85时，材料的Zeta电位由正变为负。当pH值比临界点低时，炭材料表面发生质子化，表面电荷为正电荷，反之为负电荷。

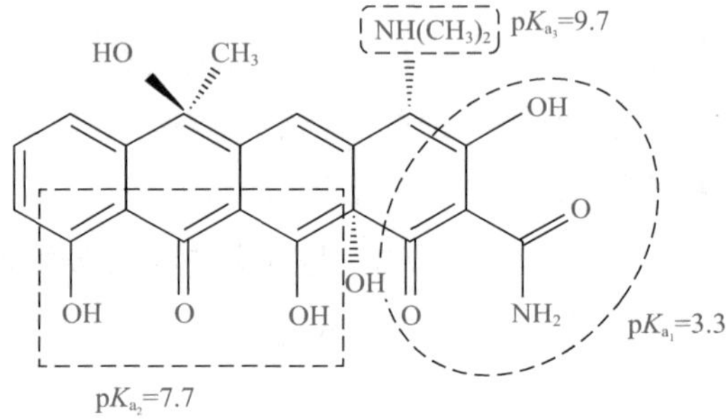

图3-8 TC的化学结构（虚线区域是3个与酸性解离常数相关的结构）

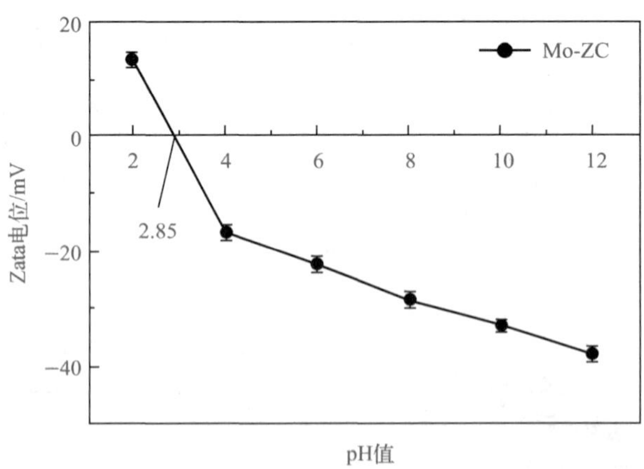

图3-9 Mo-ZC的Zeta电位图

当溶液pH值低于TC的pK_{a_1}（3.3）值时，水中TC的优势种为TCH_3^+，而吸附剂表面带正电荷。因此，在低pH值时，TC与生物炭基材料之间的主要静电相互作用是斥力，pH值为2.0时，Mo-ZC的TC吸附量最大，为88.18mg·g^{-1}。图3-10展示了Mo-ZC在不同pH溶液条件下吸附TC的能力。说明除了静电之外，还有氢键和π-π电子给-受体相互作用，还有很重要的一点是Mo的掺入起到了主要的作用，Mo氧化物具备良好的亲氧性，对含氧物种（—OH、—COOH等）具备良好的吸附能力。当pH＜3.3时，溶液中H^+为主要离子，因此溶液中的OH^-不会与四环素上的羟基基团产生竞争，MoO_x主要吸附四环素上的羟基基团和C═O等含氧基团，当3.3＜pH＜7.7时，TCH_2^0静电作用最小，此时炭材料表面的氢键和π-π键起着主要的吸附作用，同时，溶液中的羟基会和TC上的羟基产生竞争，从而降低MoO_x吸附四环素的能力，因此，当pH值在4～8之间时，吸附能力处于中等稳定状态。在吸附过程中，MoO-ZC在酸性溶液中具有很强的还原能力。在水热反应过程中，MoO_x颗粒被还原为Mo^{4+}，Mo^{4+}被用作催化剂，以促进MoO-ZC表面生成更多的—COOH和—OH，将TC通过MoO-ZC表面含氧官能团来固定。同时，MoO_x被氧化为Mo^{5+}，但它被羟基络合并固定在炭材料表面中不易溶解。因此，Mo^{5+}在随后的氧化还原反应中变得稳定。当pH＞9.7时，炭材料表面呈电负性，TC也呈电负性，静电斥力增强，MoO_x会与OH^-相互作用，在碱性溶液中形成钼水合氧化物。这导致碱性条件下TC的去除效率低于酸性和中性溶液中TC的去除效率。同时，溶液以OH^-为主，也会与TC形成强大的竞争关系，因此，溶液在强碱状态下吸附能力急速下降。

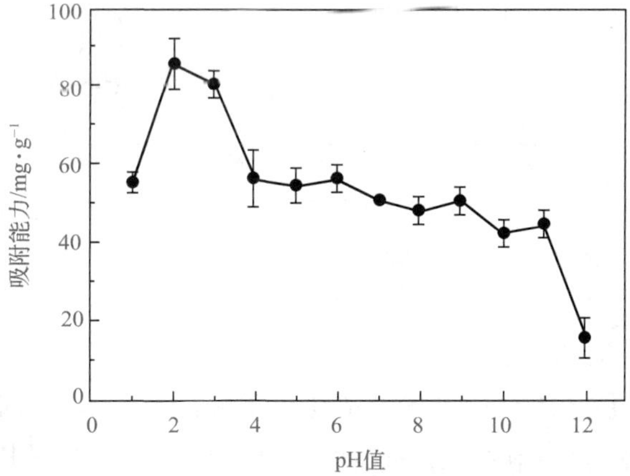

图3-10 pH值对Mo-ZC吸附TC的影响

3.4.3 吸附时间的影响

复合材料中的MoO_x含量显著影响其吸附能力。图3-11显示了Mo-ZC在原液

pH值、不同温度下，对TC的吸附动力学曲线。TC的初始浓度为100mg·L^{-1}，MoO-ZC的投加量为25mg，分别于25℃、35℃和45℃，摇床振荡转速为200r·min^{-1}的条件下吸附TC。在200min以内，MoO-ZC表现出较高的吸附速率，并达到平衡，变化趋势与不同吸附时间活性炭表面活性位点数量和溶液中的TC浓度有关。在吸附初始阶段，MoO-ZC表面具有较多的可供吸附的活性位点，溶液中TC的浓度较高，相应的与MoO-ZC表面的浓度差较大，传质推动力较大，有利于吸附进行，因此吸附速率较大，导致TC吸附量增加迅速。随着吸附时间延长，活性位点不断被占据，MoO-ZC表面可供吸附的活性位点越来越少，而且溶液中TC的浓度也在不断下降，浓度差不断减小，传质推动力不断变小，因此吸附速率逐渐减慢，TC吸附量的增加也相应变慢，直至吸附量几乎不再变化，吸附达到平衡。MoO-ZC在25℃、35℃和45℃时对TC的最终吸附量分别为67.56mg·g^{-1}、73.4mg·g^{-1}和75.41mg·g^{-1}。从图中还可以观察到，MoO-ZC对TC的吸附量随着吸附温度的升高而增加，说明MoO-ZC对TC的吸附为吸热反应。

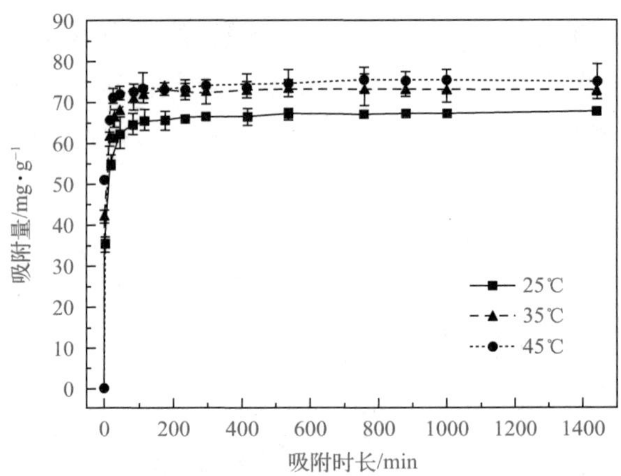

图3-11　不同温度下吸附时间对吸附性能的影响

3.4.4　吸附动力学分析

伪二阶模型比伪一阶模型更好地描述了所有样品的动力学曲线（图3-12），这表明化学吸附在吸附过程中占主导地位，因为伪二级动力学模型包括液膜扩散、颗粒扩散和表面吸附。利用准一阶和准二阶动力学模型对动力学数据进行分析计算得到的动力学参数列于表3-6中。拟合结果表明，准二阶模型具有较高的拟合度。不同温度下拟合二阶方程的R^2（0.99447、0.99924和0.99471）高于一阶方程的R^2（0.9045、0.86468和0.84998），$q_{e, cal}$与实验数据$q_{e, exp}$也吻合得较好，说明化学作用是限制吸附速率的主因。此外，吸附活性位点对吸附容量起着关键作用。表面缺陷越多，含氧基团的活性位点则越多，对TC的吸附能力就越强。

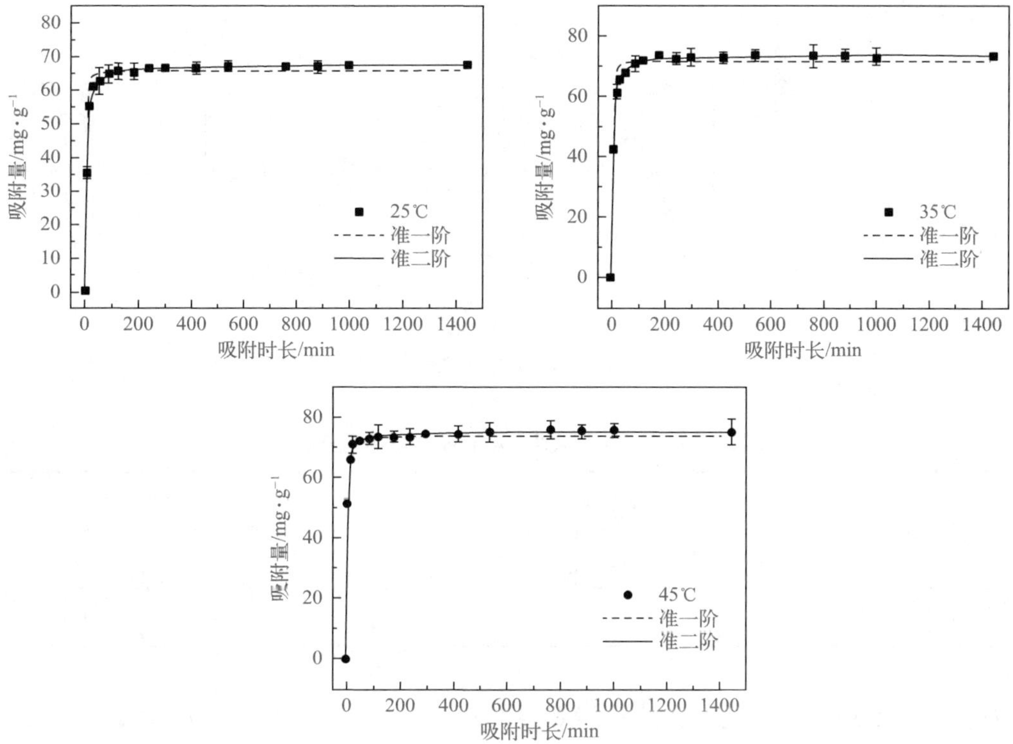

图3-12　不同的温度下Mo-ZC吸附TC动力学拟合数据

（TC浓度100mg·L^{-1}，24h，吸附剂用量25mg，原液pH，振荡转速200r·min^{-1}）

表3-6　Mo-ZC吸附TC的动力学参数

温度/℃	$q_{e,exp}$/mg·g^{-1}	一阶方程			二阶方程		
		Q_e/mg·g^{-1}	K_1/min^{-1}	R^2	Q_e/mg·g^{-1}	K_2/min^{-1}	R^2
25	67.56	65.807	0.12796	0.9045	67.87528	0.00332	0.99447
35	73.4	71.32041	0.14496	0.86468	73.58481	0.00332	0.99924
45	75.41	73.42452	0.2217	0.84998	75.13927	0.00527	0.99471

3.4.5　吸附等温线分析

图3-13显示了随着TC［（0～500）mg·L^{-1}］的加入，Mo-ZC的吸附等温线的变化曲线。数据由Langmuir和Freundlich模型拟合，相应参数列于表3-7中。可以

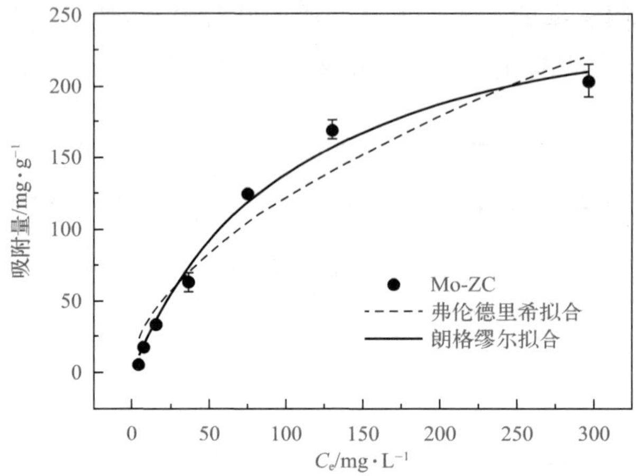

图3-13 Mo-ZC吸附TC的等温线曲线

表3-7 Mo-ZC吸附TC的等温曲线拟合参数

方程	Langmuir 模型			Freundlich 模型		
	Q_m/mg · g^{-1}	K_L/L · mg^{-1}	R^2	K_F	n	R^2
参数	249.72	0.013	0.983	13.58	2.08	0.903

发现Langmuir模型更适合描述吸附等温曲线，因为Langmuir模型的R^2值（0.983）高于Freundlick模型的R^2值（0.903）。此外，得出结论，非线性拟合分析克服了吸附剂浓度增加的限制。同时，拟合表明对TC吸附是一个单层过程，包括化学吸附和物理吸附。

此外，使用Langmuir模型计算的Mo-ZC的最大吸附量为249.72mg·g^{-1}，表明其表面具有高密度的结合位点，这意味着其在废水处理中的潜在用途。目前，已有一些关于金属氧化物和含金属复合材料去除TC的报道。如表3-8所列，与先前研究的吸附剂相比，Mo-ZC具有更为优异的TC吸附能力。

表3-8 金属改性生物炭对TC的吸附性能

原料	改性方法	吸附容量 /mg · g^{-1}
好氧颗粒污泥	$ZnCl_2$	93.44
废弃污泥	Chitosan and Fe/S（BC Fe/S）	183.01
椰子、松子、核桃壳	Fe_3O_4	94.2

续表

原料	改性方法	吸附容量 /mg · g^{-1}
枣树废弃物	Silica	45.57
油茶果壳	Co/Gd	119.05
中药残留物	MnO_2	131.49
商业锯屑	Fe/Mn oxides	14.24
欧洲松	Mo oxide	249.72

3.4.6　吸附剂再生性分析

再生是吸附剂在实际应用中的重要特性。再生过程通常是用碱性溶液洗涤吸附剂并进行超声波处理，并在每个吸附循环后测量吸附剂的吸附效率。图3-14显示了每个循环后吸附剂吸附量的变化。随着循环次数的增加，Mo-ZC的去除效率没有明显降低，这表明它在几个循环后仍具有良好的再生能力。此外，5次循环后，Mo-ZC的吸附效率降低不超过8%，这表明其具有良好的可再生能力。综上所述，Mo-ZC对TC具有较高的去除效率和良好的再生能力，这表明Mo-ZC可能是未来废水处理的一种重要材料。

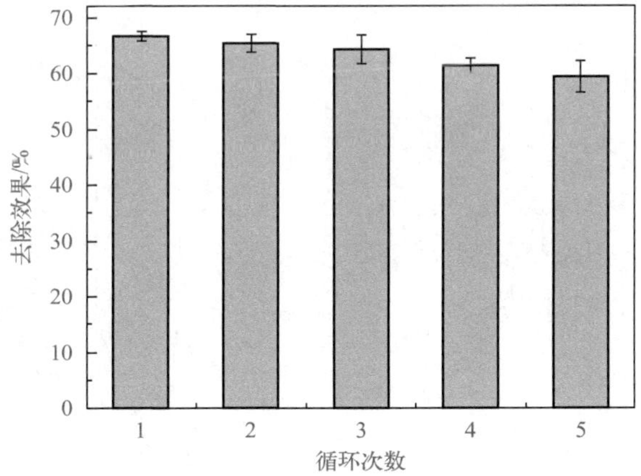

图3-14　Mo-ZC吸附TC循环实验

（原液pH，吸附剂用量25mg，TC浓度100mg · g^{-1}，25℃，振荡转速200r · min^{-1}）

3.4.7　吸附机理分析

生物炭吸附TC的机制包括孔隙填充、孔隙扩散、静电相互作用、表面复合物相互作用、氢键和π-π相互作用。生物炭的表面积、总孔体积、微孔体积、官能团、芳香性和亲水性决定了其对TC去除的吸附效果。因此Mo-ZC吸附TC机理可以归纳为以下几点。

首先，由吸附机理图（图3-15）可知，Mo可以为TC的去除提供更多的吸附位点。Mo氧化物具备良好的亲氧性，对含氧基团（—OH、—COOH等）具备良好的吸附能力。具有氧空位的还原态Mo物种（MoO_x）可以作为Lewis酸位点，并能够与羰基（C═O）中的孤电子对相互作用。图3-16是Mo-ZC吸附TC前后的红外图，

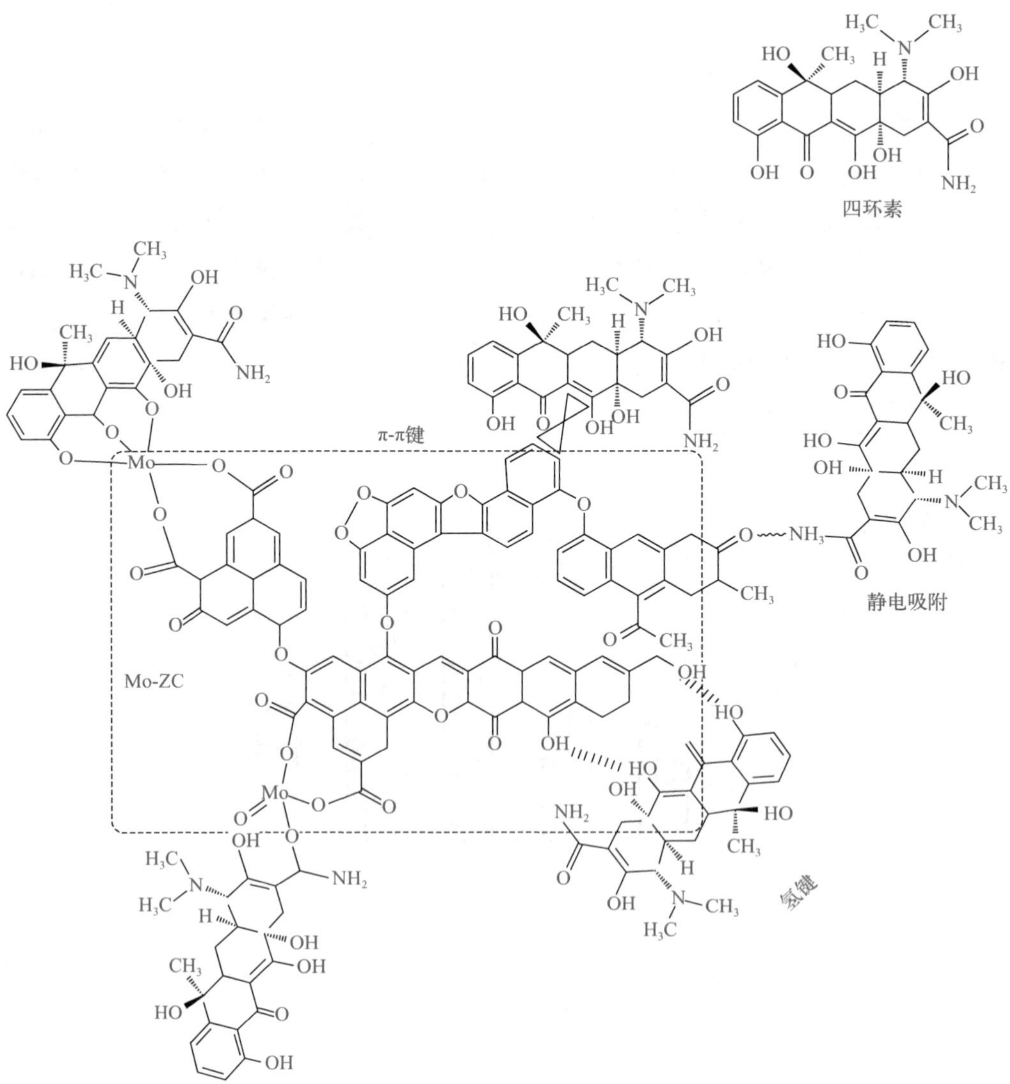

图3-15　Mo-ZC吸附TC吸附机理图

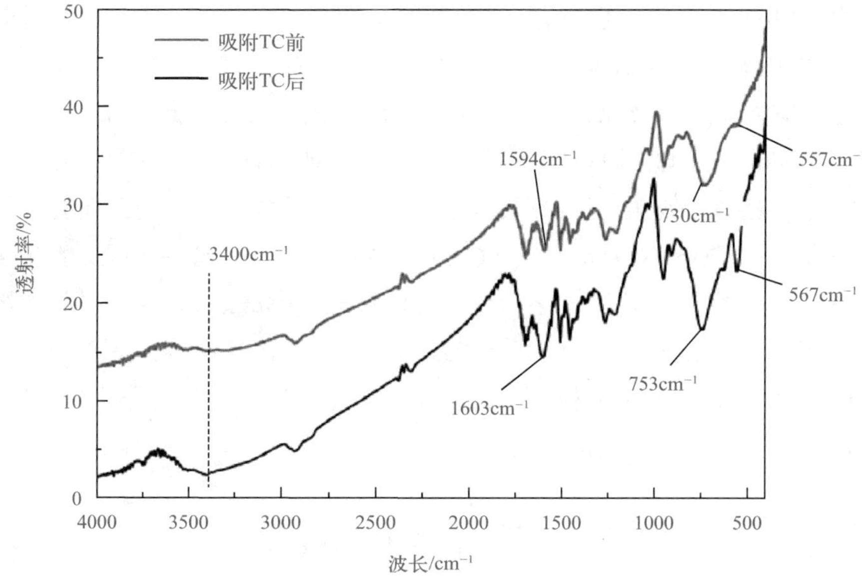

图3-16　Mo-ZC吸附TC前后的红外图

如图所示，峰型发生了蓝移，峰的强度也发生了明显的变化。557cm^{-1}处对应的Mo—O—Mo单元的拉伸振动信号峰在吸附TC后偏移至567cm^{-1}处并且明显变强。说明MoO_x在吸附过程中与TC表面的含氧官能团结合形成更多的Mo—O—Mo单元。由Mo-ZC吸附TC前后的XPS分析见图3-17与表3-9，Mo^{4+}含量减少，Mo^{5+}的含量明显增加，这也证实了MoO_x在吸附TC的过程中发生了氧化还原反应，低价态Mo^{4+}转向高价态Mo^{5+}，含氧官能团的含量也比吸附之前发生了很大变化，C—O、—OH增加，C═O减少，这也证实了MoO_x与TC表面的官能团产生了相应的化学吸附反应。

表3-9　Mo-ZC吸附TC前后XPS元素含量计算结果

Mo-ZC	C 1s				O 1s			Mo		
	C—C/C═C	C—O	C—OH	C═O	C—O	C═O	—OH	Mo^{4+}	Mo^{5+}	Mo^{6+}
吸附CT前	74.9				20.6			4.5		
含量/%	51.3	27.2	14.9	6.6	36.5	35.8	27.7	21. 1	23.1	55.8
吸附CT后	48.7				40. 8			10.5		
含量/%	52.4	22.0	15.7	9.9	45.7	21.9	32.4	12. 1	32.3	55.6

其次，Mo-ZC中的生物炭含有石墨结构和芳香环，表面含大量含氧官能团（C═O、—OH和—COOH等），可以与TC表面的官能团以氢键、π-π键堆叠、阳离子-π键、静电吸附以及范德华力等相互作用形式结合在一起。如图3-16所示，—OH在3400cm^{-1}处的拉伸振动和吸附后的减弱，证明TC通过—OH与Mo-ZC的含氧官能团形成氢键导致振动性减弱。约在1594cm^{-1}和730cm^{-1}处形成的生物炭特征峰，分别对应于Mo-ZC芳香环骨架C═C的伸缩振动峰和芳香环或芳香化合物中扭曲的C—H键。生物炭吸附TC之后特征峰偏移至1603cm^{-1}和754cm^{-1}处，峰值明显变强，证明TC和Mo-ZC之间的π-π键或阳离子-π键相互作用也是重要的吸附机制。除此之外，Mo-ZC与ZC相比，比表面积和孔体积（主要是介孔）明显增大，因此对TC的去除也起着主要的作用。

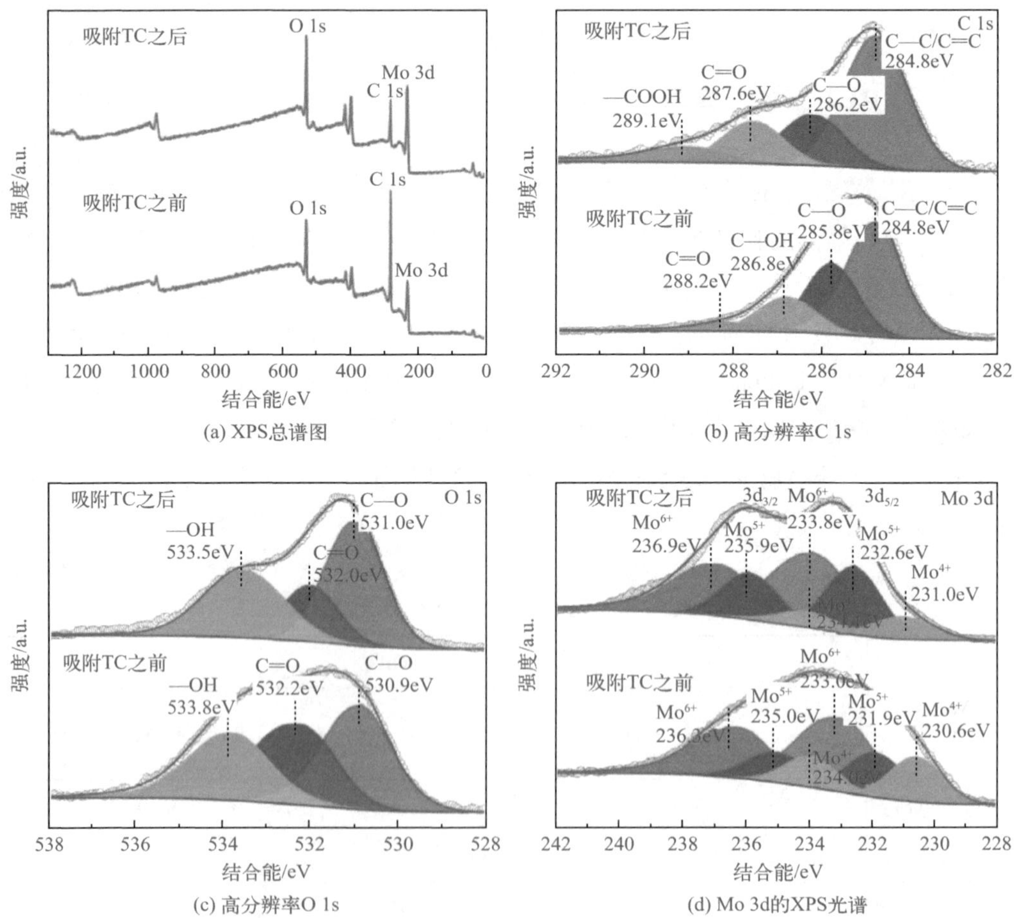

图3-17 Mo-ZC吸附TC前后的XPS图

3.4.8 吸附剂多功能性分析

3.4.8.1 不同金属盐碳对 MB、CR 的吸附性能比较

为了验证金属盐改性生物炭吸附性能的多功能特性，我们将几种不同金属盐改性后的生物炭进行吸附MB、CR测试。图3-18是不同金属盐改性生物炭与未改性生物炭吸附MB和CR的对比图（初始浓度为100mg·L^{-1}，吸附时间为24h，温度25℃，原液pH）。结果显示不同金属盐改性后的生物炭吸附MB和CR的能力大于未改性的ZC。

吸附MB的结果为：Zn-ZC=Mo-ZC＞Fe-ZC＞Mg-ZC＞Al-ZC＞Ni-ZC＞Cu-Z＞Ti-ZC＞ZC。吸附CR的结果为：Zn-ZC＞Mo-ZC＞Ti-ZC＞Al-ZC＞Cu-ZC＞Ni-ZC＞Mg-ZC＞Fe-ZC＞ZC。

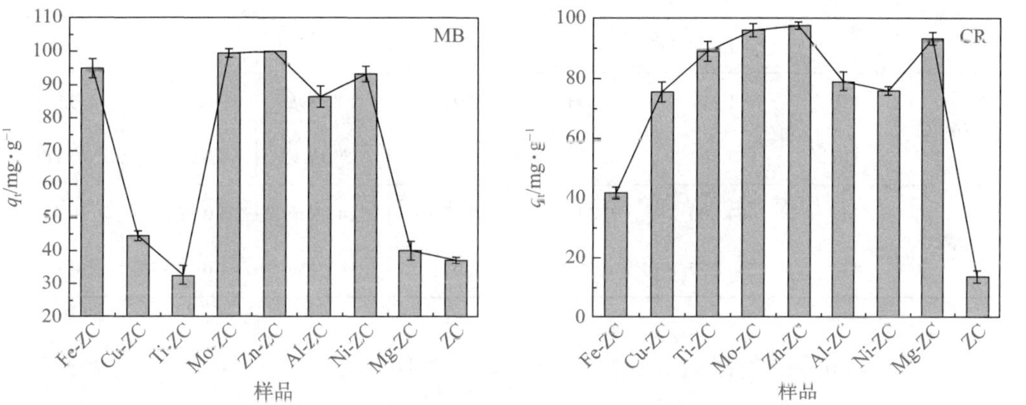

图3-18　不同金属盐改性生物炭与未改性生物炭吸附MB和CR的对比图

3.4.8.2 Zn-ZC 和 Mo-ZC 对 MB、CR 的吸附平衡测试

研究发现Zn-ZC和MO-ZC吸附效果最佳。我们通过吸附不同浓度的MB和CR，并利用等温吸附模型拟合找出Zn-ZC、MO-ZC对MB、CR的最大吸附量。图3-19为Mo-ZC和Zn-ZC对于不同初始浓度的MB（100～800g·L^{-1}）和CR（20～300mg·L^{-1}）在原液pH、温度25℃、吸附时长24h、吸附剂用量25mg、振荡转速200r·min^{-1}条件下测试的最大吸附量，经过Langmuir和Freundlich模型拟合，相应参数列于表3-10中。Langmuir模型更适合描述吸附等温曲线，表明Mo-ZC和Zn-ZC对MB和CR的吸附均属于单层吸附过程。

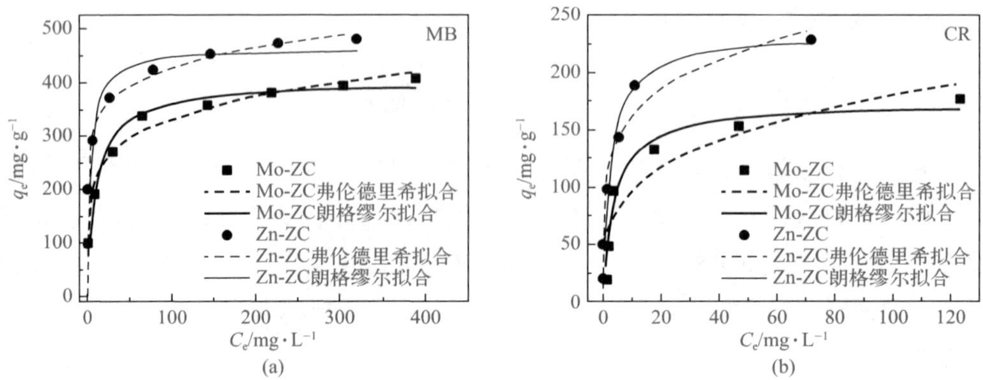

图3-19　Mo-ZC和Zn-ZC吸附MB和CR的等温线曲线

表3-10　Mo-ZC和Zn-ZC吸附MB和CR的等温曲线拟合参数

样品	污染物模型	Langmuir 模型			Freundlich 模型		
		Q_m/mg·g^{-1}	K_L/L·mg^{-1}	R^2	K_F	n	R^2
Mo-ZC	MB	401.127	0.091	0.941	149.298	0.173	0.841
	CR	173.503	0.253	0.953	53.063	0.265	0.844
Zn-ZC	MB	464.606	0.246	0.871	243.946	0.122	0.570
	CR	234.177	0.377	0.974	105.406	0.189	0.852

由Langmuir模型得出Mo-ZC对MB和CR的吸附量最大分别为401.127mg·g^{-1}和173.503mg·g^{-1}；Zn-ZC对MB和CR的吸附量最大分别为464.606mg·g^{-1}和234.177mg·g^{-1}。

Zn-ZC对MB和CR的吸附量更大的原因是其较大的比表面积、发达的孔结构和充足的吸附位点。Mo-ZC对MB和CR的吸附量也很大，主要归因于Mo的掺杂。但比Zn-ZC略小，这可能是孔隙率低导致的。

3.5　本章小结

本章对比不同金属盐改性生物炭对TC水溶液的吸附性能，开发出一种新型金属盐改性生物炭材料Mo-ZC，并对其吸附TC进行重点分析。Mo-ZC吸附TC主要是由于MoO_x具有良好的亲氧性和具备氧空位缺陷的特性，可以很好地与TC表面的含氧官能团相结合，起到较强的吸附作用，同时得到氢键、π-π键以及静电吸附等的协同作用。在pH=2.0和25℃条件下，Mo-ZC最大去除TC的效率为86.76%。此外，实验等温线数据符合Langmuir模型，而不是Freundlich模型，这表明吸附剂表面的吸附为单层，最大吸附量为249.72mg·g^{-1}。TC吸附动力学研究表明，TC与Mo-ZC之间的静电相互作用符合伪二阶模型动力学模型的特征。Mo-ZC可重复使用5次，吸附效率降低不超过8%，表明其具有良好的再生和耐久性。以上研究表明，Mo-ZC是一种在废水处理材料领域设计合理的新型金属盐改性炭材料。

除Mo-ZC、Zn-ZC和Fe-ZC之外，几乎所有金属盐改性生物炭与未改性生物炭相比，吸附TC的能力均未有大的提升。但是对MB和CR均有较强的吸附能力，尤其是Zn-ZC和Mo-ZC，说明金属盐改性生物炭具有多功能的特性。

Mo-ZC对TC的吸附能力是多种因素协同作用的结果，包括MoO_x的尺寸和均匀分布、Mo的氧化状态以及炭材料的结构特性。然而，对Mo掺杂改性生物炭作为吸附剂的报道很少，因此需要进行更多更深入的机理研究和应用探讨。

第四章

纤维素炭微球的优化制备与表征

4.1 引言

炭微球不仅具有质轻、耐高温、强度高等物理特性，同时内外表面富有含氧官能团，可作为催化剂载体、药物输送载体、储能介质、土壤改良剂、固体燃料、硬模板以及表面改性材料等。然而，大多数商业炭微球的生产原料为煤焦油或石油沥青，这些能源储量逐年减少并会产生环境污染。因此，生物质材料替代能源合成炭微球引起了学术界和工业领域的极大兴趣。

纤维素是由葡萄糖组成的多糖，是许多可再生生物质的主要成分，由绿色植物和某些动物通过光合作用产生。科学家们一直在尝试对纤维素或纤维素废物进行水热碳化从而制备含炭材料。2009年，Sevilla和Fuertes在220～250℃下成功通过水热法生产出以纤维素为原料的高功能炭材料，并提出纤维素形成生物炭的过程和机理。纤维素HTC的形成机理类似于葡萄糖和蔗糖等碳水化合物的生产过程，包括水解、脱水、聚合或缩合、芳构化以及成核生长等一系列步骤。除此之外，他们还提出水热碳核和壳氧基团的不同性质，炭微球内部的氧可能由反应性较低的基团（即醚、醌、吡喃酮）组成，壳主要包含更多的反应性/亲水性（即羟基、羰基、羧基、酯）含氧官能团。由纤维素制备而成的炭微球具有表面光滑、分散性好、尺寸可控等优点，同时还具有较高的碳含量和热值，在材料领域、医学领域以及能源领域得到广泛的应用。

纤维素原料不同，形成的炭微球形貌以及物理化学特性也不同，查阅文献可知大多数纤维素制备的炭微球聚集度高，颗粒分散不均匀。关于利用废弃的杨木生产的纤维素来制备增值炭微球的报道很少。通过第二章和第三章的研究发现纤维素和半纤维素在低温下最早形成炭微球，而木质素很难在温和的水热条件下形成炭微球。杨木比樟子松和沙柳所含的纤维素要多一些，因此，本章以杨木纤维素制备的炭微球为对象，对其物理和化学特征进行系统性的研究。

4.2 试验部分

4.2.1 试验材料

本章使用的试验原料见表4-1。

表4-1 试验原料与试剂

名称	规格（纯度）	生产厂家
无水乙醇	≥99.7%（质量分数）（AR）	阿拉丁试剂（上海）有限公司
氢氧化钠	分析纯/AR	阿拉丁试剂（上海）有限公司
冰醋酸	分析纯/AR	阿拉丁试剂（上海）有限公司
双氧水	分析纯/AR	阿拉丁试剂（上海）有限公司
稀盐酸	20%（质量分数）（AR）	阿拉丁试剂（上海）有限公司
纯水	—	自制
杨木	—	木工厂废弃杨木块

4.2.2 试验设备

本章使用的试验设备见第二章表2-2。

4.2.3 试验步骤

杨木取自本地木工厂的废弃木块，清洗干净，在90℃烘箱中干燥48h，密封保存备用。

4.2.3.1 杨木纤维素的制备

将废弃杨木块在80℃水浴条件下煮4h，以去除杂质，取出清洗干净后放入恒温干燥箱，在100℃条件下干燥。干燥完成后用粉碎机粉碎，然后将其用50%的冰醋酸和50%的双氧水浸泡过夜，在80℃条件下煮大约6h，直到变白为止。然后用去离子水过滤洗涤至中性，干燥保存以备用。

4.2.3.2 杨木纤维素炭微球的制备

将干燥的杨木纤维素在万能高速粉碎机里粉碎3min，使其变成棉花状纤维素，称取一定量的纤维素（0.5g、1g、2g）放入100mL的水热反应釜中，加入60mL去离子水，高速搅拌30min，直到纤维素完全浸润在水中，然后将其放入恒温鼓风干燥箱，在一定温度下（180℃、210℃、230℃、250℃、270℃）加热一定时间（2h、4h、8h、12h、24h）。加热结束后将黑棕色沉淀物用去离子水和无水乙醇清洗直到过滤的溶液变澄清为止。然后将其放入恒温干燥箱里，在80℃条件下干燥过夜。将不同温度下制备的炭微球标记为CSn（n=180℃、210℃、230℃、250℃、270℃）。

4.2.4 测试与表征

扫描电镜（SEM）：将试样用导电胶固定在专用样品台上，然后对其进行喷金处理。用日立S-3400N型扫描电镜观察样品的微观形貌，加速电压为10kV。

红外测试（FTIR）：使用Nicolet Magna-IR 750型傅里叶变换红外光谱仪进行测试，对样品表面官能团进行分析。采用KBr压片制备试样，扫描范围为400～4000cm^{-1}，分辨率为4cm^{-1}。

N_2吸附-脱附测试：利用全自动比表面积及孔隙度分析仪（Autosorb-IQ-MP）对样品多孔结构进行表征。测量范围为孔隙度3.5～5000Å，比表面积＞0.0005m^2·g^{-1}。

X射线衍射（XRD）测试：使用ESCA-14型XRD衍射仪对样品进行结晶度和晶型结构分析。铜靶测试的波长λ为0.154nm ，扫描速度为4min^{-1}，扫描范围2θ为10° ～80°。

X射线光电子能谱（XPS）：是在Thermo ScientificTM K-AlphaTM+光谱仪上进行的，该光谱仪配备单色Al Kα X射线源（1486.6eV），工作功率100W。

热重测试（TG）：利用PESTA8000型热重分析仪对样品进行热性能分析，热重分析范围为15～800℃，升温速度为0.1～100℃·min^{-1}，利用四探针电阻率仪（SDY-4，中国）测试制备固体样品的比电导率。

元素微量分析：通过元素分析仪（Vario EL）对C、H、N和S进行分析。

测试拉曼光谱：使用具有532nm蓝色激光束的Bio-Rad FTS6000拉曼分光光度计获得拉曼光谱。

高热值HHV：使用Channiwala和Parikh的公式计算杨木纤维素和炭微球的理论HHV。

4.3 结果与讨论

4.3.1 形貌分析

图4-1显示了在210～270℃、水热处理时间12h、纤维素含量1g的条件下获得的纤维素炭微球。很明显，球形大小、数量及分散状态受温度影响比较大，随着温度的升高，球形粒径由小变大。当温度达到250℃及以上时，絮状物明显减少，大粒径微球增多，不同尺寸粒径分布较广，当温度达到270℃时，不同粒径球体之间出现熔融情况。

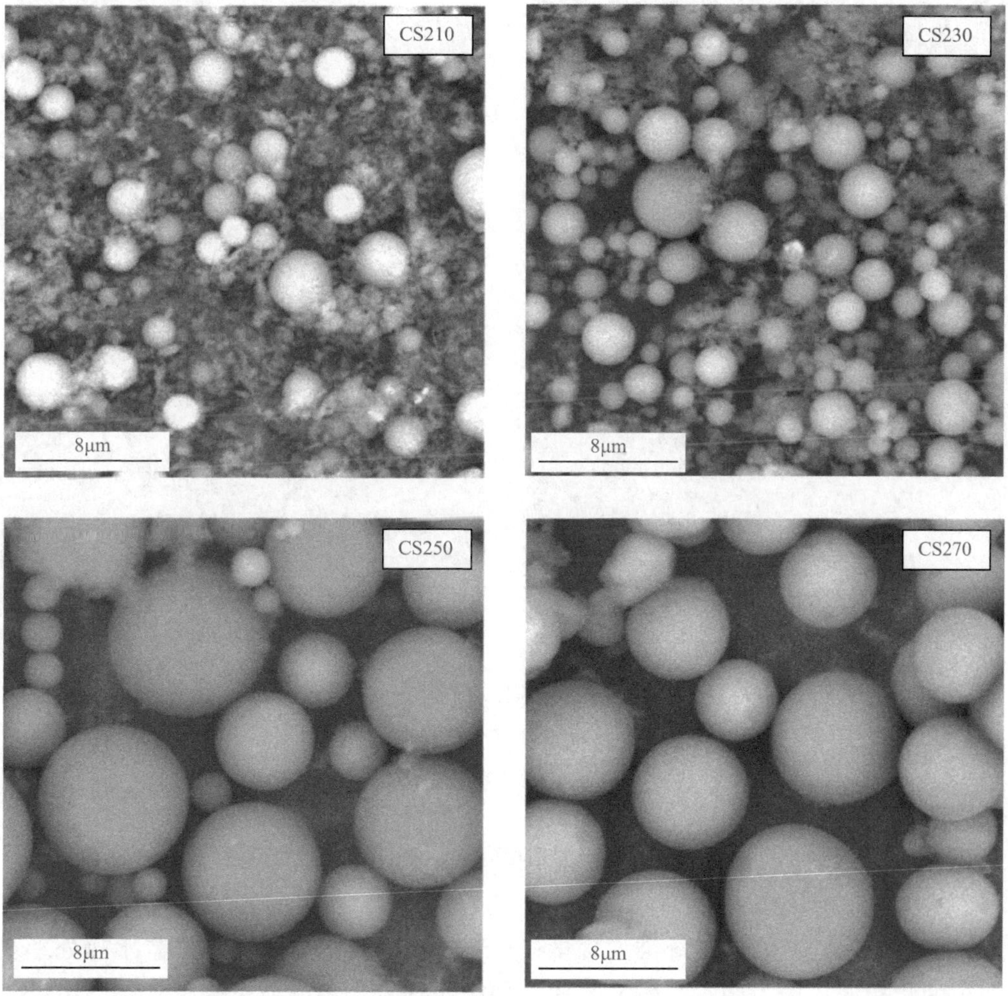

图4-1　温度不同、时间和纤维素含量相同条件下，杨木纤维素炭微球的SEM图

除温度是主要影响因素之外，时间也是一个重要的影响因素。由图4-2可知在温度为250℃、纤维素含量为1g时，2～8h之间形成的球形粒径较为均匀，但絮状物较多。随着时间的增加小球数量也在增加，而粒径也在不断增大，当时间达到12h以上时，小球明显减少，更多的是大粒径微球。由于反应充分，微球表面光滑，分散性好，絮状物也明显减少。

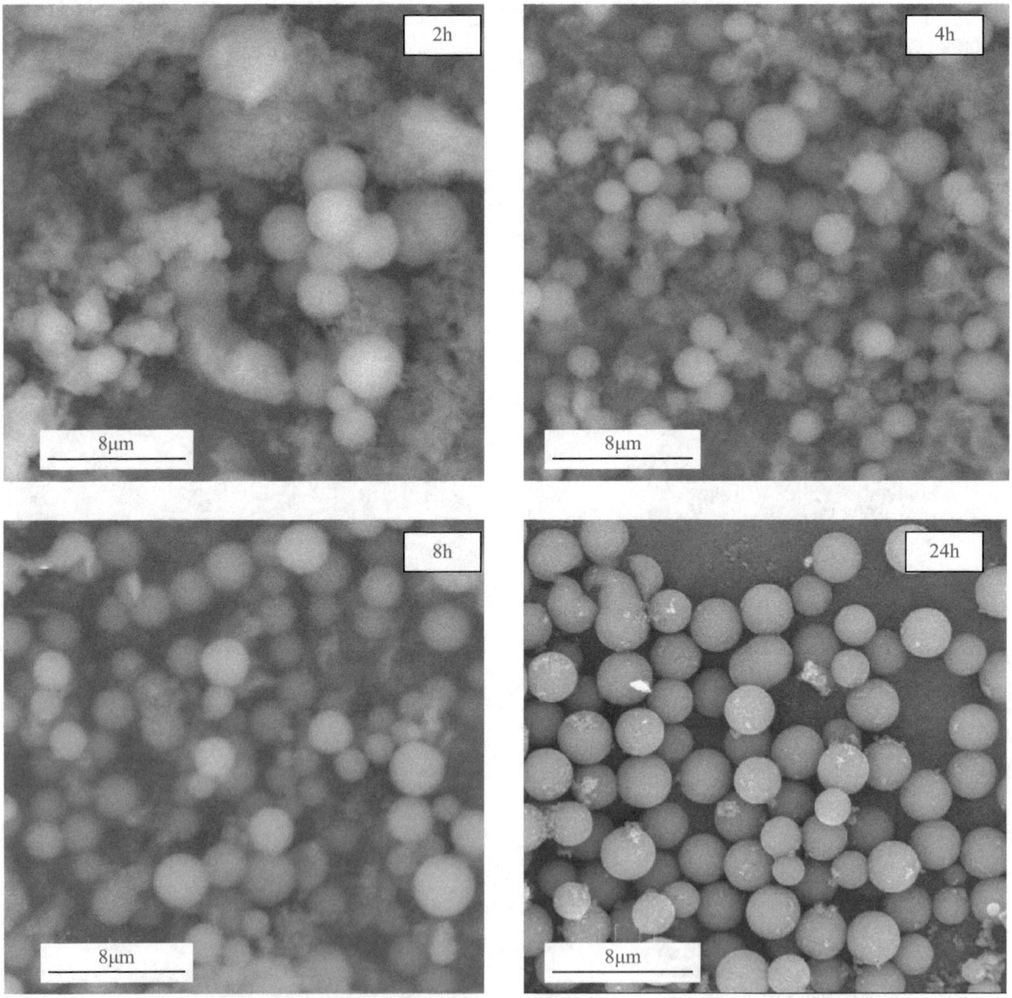

图4-2 时间不同、温度和纤维素含量相同条件下，杨木纤维素炭微球的SEM图

图4-3（a）～（c）是纤维素含量在0.5g、1g以及2g条件下纤维素水热处理炭微球的相貌变化图，图4-3（d）是炭微球中絮状物的局部放大图。从图中可以看出纤维素含量较少的情况下可能由于反应剧烈导致小球之间出现熔融状态，随着

纤维素含量的增加，小球粒径由小变大，大粒径颗粒由少变多，球颗粒数量增加，且粒径变得较为均匀。絮状物是一些扁平状小纳米颗粒，这些絮状物随着温度和时间的增加会逐渐减少。

图4-3　纤维素含量不同、温度和时间相同的条件下，杨木纤维素炭微球的SEM图

4.3.2　元素分析

杨木纤维素炭微球的合成参数、化学元素分析、产物收率及高热值见表4-2。作为CS*n*的结果，固体材料的元素组成（C、O和H）发生了显著变化。碳含量从原料的40.41%增加到水热碳的75.14%。同时，随着温度升高，O/C和H/C原子比降低。结合图4-4可以描绘反应途径，分析材料元素组成的变化（从纤维素到生物炭），反映出温度对CSn的影响很大。从原始纤维素开始随着温度从180℃升高到250℃，整个过程经历了脱水、脱羧、聚合、缩聚和芳构化过程。温度在180℃时，脱水还未开始，基本保持着纤维素特征，当温度到达210℃以上时，全过程以脱水为主。生物炭的位置与烟煤、褐煤的位置相似。此外，还分析了原材料和相应水热碳的高热值，并在表4-2中列出。CSn的制备工艺使生物炭的高热值（HHV）随着温度升高而升高。在270℃时热值最高为29.4MJ·kg^{-1}，与原材料相比增加1.72倍。与原始纤维素原料相比，CSn的HHV增加量与文献中报道的值相当。杨木纤维素炭微球的碳含量比其他生物质材料要高。

表4-2　杨木纤维素炭微球的合成参数、化学元素分析、产物收率及高热值（HHV）

合成条件			化学成分								
时长/h	温度/℃	生物质/g	C/%（质量分数）	H/%（质量分数）	N/%（质量分数）	S/%（质量分数）	O①/%（质量分数）	H/C原子比	O/C原子比	产量/%	HHV/MJ·kg^{-1}
	原始	—	40.41	9.28	0.71	0.07	49.53	2.75	0.92	—	17.1
		2	43.25	7.09	0.29	0.06	49.31	1.97	0.86	47.56	19.2
	180	1	42.73	7.53	0.16	0	49.59	2.12	0.87	46.12	18.9
		0.5	43.08	7.44	0.23	0	49.25	2.07	0.86	43.03	18.7
		2	66.48	9.36	0.40	0	23.75	1.69	0.27	39.34	26.9
	210	1	66.36	4.89	0.23	0	28.50	0.88	0.32	37.49	26.6
		0.5	66.95	5.71	0.24	0	27.09	1.02	0.25	38.12	26.4
12		2	70.19	5.88	0.40	0	23.53	1.00	0.25	37.86	28.1
	230	1	70.84	4.33	0.24	0	24.58	0.73	0.26	35.23	27.7
		0.5	69.94	4.85	0.33	0	24.87	0.83	0.27	35.62	27.5
		2	69.96	5.76	0.75	0	23.52	0.99	0.25	34.28	28.8
	250	1	72.04	4.18	0.33	0	24.62	0.85	0.26	33.45	27.6
		0.5	69.98	4.67	0.56	0.02	24.74	0.80	0.27	33.01	27.8
		2	75.14	5.81	0.22	0.9	17.93	0.93	0.18	28.18	29.3
	270	1	73.78	5.42	0.28	0.42	20.09	0.88	0.20	24.22	29.4
		0.5	72.92	4.92	0.27	0.13	21.77	0.81	0.22	23.57	28.9

① O/%（质量分数，下同）＝100−C/%−H/%−N/%−S/%。

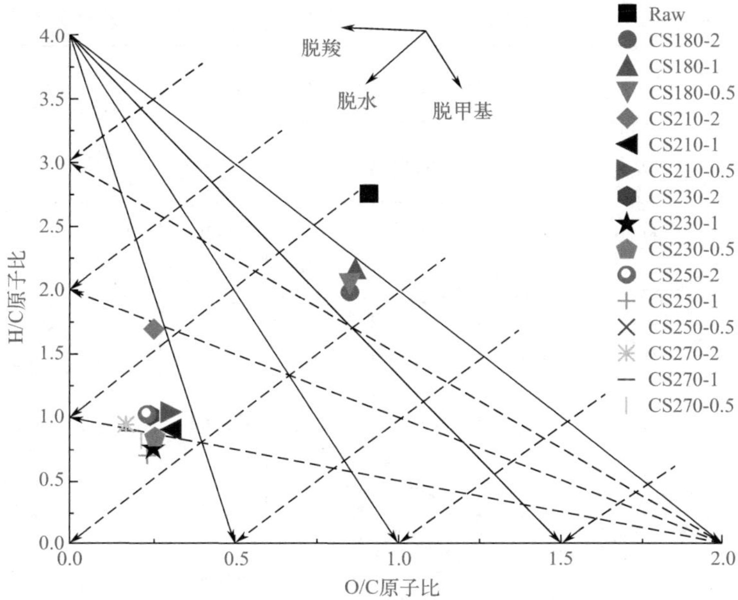

图4-4 原始生物质与CS*n*的Van Krevelen图

图4-4为Van Krevelen图，显示纤维素的主要成分通过脱水（产生H_2O）与脱羧（产生CO_2或羰基化合物，包括羧酸）形成CS的反应过程。H/C和O/C的比值是评估纤维素水热碳化过程中脱氧程度和芳烃含量的重要标准。较低的H/C比表明水热碳的芳烃含量较高。可以在图的左下方找到接近原点的更好的固体燃料。与原料相比，HTC的产量随着温度的升高而降低，同时纤维素中的生物炭的碳含量和热值增加，原因是这些反应降低了产物中的氢和氧的含量，从而提高了从纤维素中获得的CS的含量和热值，这些效果可用于将纤维素碳化成替代燃料。

表4-3和图4-5展示了将温度固定在250℃，纤维素含量固定在1g，时长2～24h范围内HTC的变化。碳含量随着时间的增加而增加，而氢、氧的含量降低。说明时间对碳含量有一定程度的影响。

如图4-5所示，反应温度为250℃，纤维素含量1g的CS250在不同的反应时长下产生的炭微球的组成和结构明显不同，这表明从纤维素到水热碳的H/C和O/C原子比的发展基本上遵循脱水过程。水是良好的传热和储存介质，可以避免放热反应可能导致的局部温度峰值。在亚临界条件下，水的存在通常会促进离子化学反应并抑制自由基反应。这可改善主氢键的断裂，尤其是水解。因此，随着时间的延长，水解加速了纤维素的解聚，将纤维素分解成糖单元，整个纤维素结构迅速分解，碳含量明显增加。

表 4-3　CS250 合成参数、元素分析、氢碳比和氧碳比，以及产物收率

温度 /℃，生物量 /g	时长 /h	C/%（质量分数）	H/%（质量分数）	N/%（质量分数）	S/%（质量分数）	O[①]/%（质量分数）	H/C 原子比	O/C 原子比	产率 /%
250，1	2	60.26	5.64	0.14	0	33.96	1.12	0.42	35.21
	4	67.68	4.05	0.27	0	27.99	0.72	0.31	35.39
	8	71.91	4.40	0.32	0	23.36	0.73	0.24	34.12
	12	72.04	4.18	0.33	0	24.62	0.85	0.26	33.45
	24	74.33	4.03	0.24	0	21.38	0.65	0.22	30.27

① O/%（质量分数，下同）＝100−C/%−H/%−N/%−S/%。

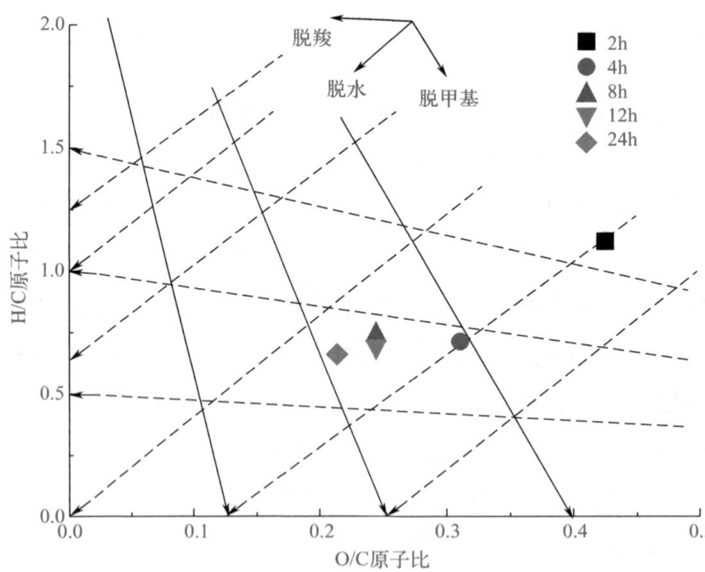

图 4-5　原始生物量与炭微球的 Van Krevelen 图

4.3.3　XPS 分析

通过表 4-4 结合表 4-3 能看出，杨木纤维素在水热碳化过程中随着温度的升高和反应时间的延长，制备CS*n*的产率降低，碳含量增加，呈现反比关系。纤维素与葡萄糖的主要水解产物一样，都为5-羟甲基糠醛，在降解过程中会形成各类副产物，如乙酸、甲酸、乙醇醛、酮醛等，因此降低了固体产物的产率。

表4-4　CSn的元素含量、官能团含量以及产率

样品	元素测试分析（质量百分比）所得元素含量/XPS分析（原子百分比）所得元素含量					XPS法测定的含氧官能团的氧原子百分比			产率/%
	C	O	H	N	O/C	—OH	C═O	—COOR	
CS210	66.36/70.54	28.50/14.93	4.89	0.23/0.7	0.32/0.21	3.79	7.46	3.68	37.49
CS230	70.84/71.13	24.5/11.9	4.33	0.23/0.71	0.26/0.17	3.21	4.94	3.75	35.23
CS250	72.04/70.18	24.62/10.57	4.18	0.33/0.6	0.26/0.15	3.3	3.73	3.54	33.45

XPS用于研究分析杨木纤维素以及CSn的表面官能团组成及元素的变化，如图4-6所示。表面元素组成表明CSn中碳峰明显强于纤维素，同时，随着温度的升高含量也逐渐增加。通过C 1s的峰强度也可以观察到，CSn的C 1s谱图能够被拟合成四条曲线［图4-6（b）～（d）］，分别属于脂肪族或者芳香族官能团（C—H，C—C，C═C）（284.74～284.81eV），醇基、醚基、羟基、苯酚或C═N官能团（C—O—R）（286.12～286.69eV），羰基官能团（C═O）（287.75～287.9eV），羧酸或者内酯（—COOR）（288.4～290.04eV）。水热处理后，C—H、C═C和C—C官能团的特征信号峰明显增强，成为主要的官能团。结合CSn的高碳含量，进一步表明芳

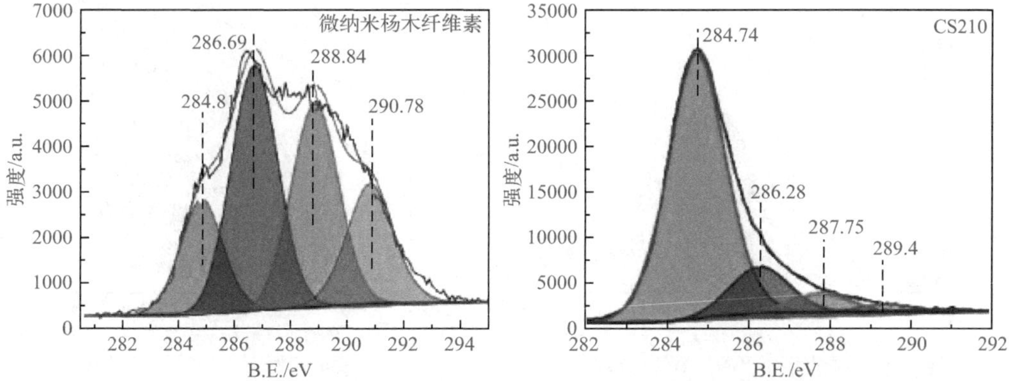

(a)纤维素和CSn拟合C 1s（碳）谱图　(b)纤维素和CSn拟合C 1s（碳）谱图

图4-6

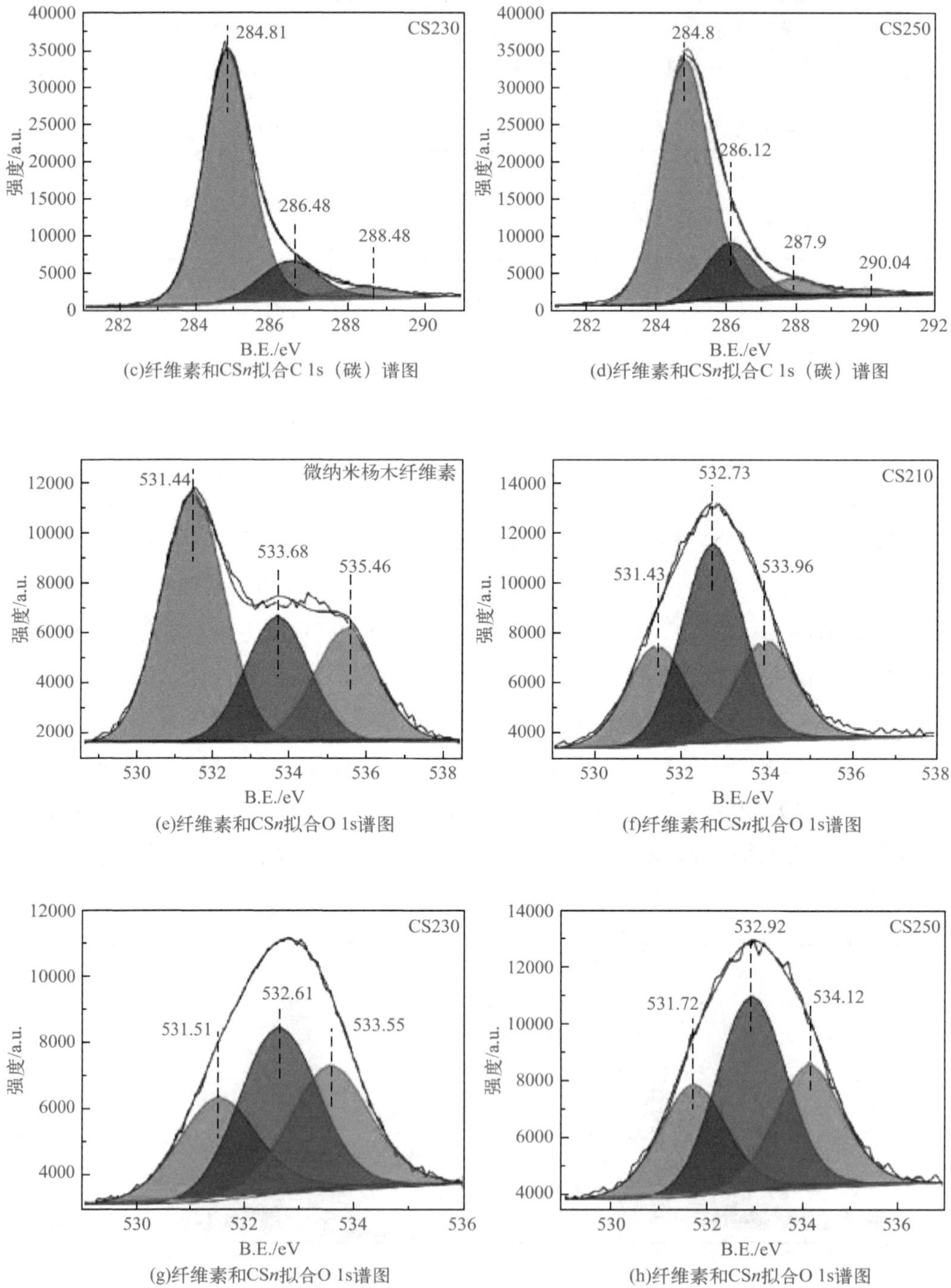

(c)纤维素和CSn拟合C 1s（碳）谱图

(d)纤维素和CSn拟合C 1s（碳）谱图

(e)纤维素和CSn拟合O 1s谱图

(f)纤维素和CSn拟合O 1s谱图

(g)纤维素和CSn拟合O 1s谱图

(h)纤维素和CSn拟合O 1s谱图

图4-6　纤维素和CSn的XPS光谱（B.E.表示结合能）

烃和羧基的存在是芳构化和脱水造成的，形成了具有芳香结构的浓缩炭材料。高分辨率O 1s谱图表明，经过水热处理后，CS*n*的O含量明显降低。主要源于发生的一系列醚键断链、脱水、脱羧基等反应。拟合曲线表明产物表面有大量含氧官能团存在，分别为（—OH，C—O—C）（约531.3eV），（C═O）（约532.1eV）和（—O—C═O）（约533.1eV）。

通过元素分析与XPS计算确定的（O/C）原子比（表4-4）表明，颗粒核心的氧基团是由稳定的基团（即醚、醌、吡喃酮等）组成的，而外层的氧基团由更亲水的基团（即羟基、羰基、羧酸、酯等）组成。

4.3.4 FTIR 分析

用红外光谱研究了纤维素通过水热碳化转化为高温热解碳时发生的化学转化。

图4-7（a）和（b）显示了在180～270℃、反应时长12h和纤维素含量1g条件下炭微球的FTIR光谱。从制备的CS*n*样品的红外谱图中可进一步分析表面官能团的组成。从图中分析可知，2h和180℃时的炭微球光谱与纤维素光谱相似，其余时间和温度下制备的炭微球的红外光谱大部分没有变化。说明水碳保留了纤维素的多糖特性，并且炭微球中的官能团种类没有显著变化。

图4-7（a）210℃和图4-7（b）4h以上CS*n*样品均有类似的特征峰，波长没有明显的移动。波长在3600～3200cm^{-1}处的特征峰属于C—OH振动峰，3000～2800cm^{-1}处的特征峰属于脂肪族C—H键的振动峰，1000～1460cm^{-1}对应C—O的伸缩振动峰（羟基、酯、醚等），而在1640cm^{-1}和875～750cm^{-1}处属于C—C的伸缩振动峰以及芳香族C—H平面外的弯曲振动峰，1700cm^{-1}处出现的明显吸收峰属于羧基基团C═O的拉伸振动峰。与XPS分析结论一致，FT-IR分析表明制备的产物表面富含羟基、醚、酯、羰基、羧基等各种官能团。同时CS*n*样品在1640cm^{-1}和1700cm^{-1}处的峰强度明显高于纤维素，证实产物具有高的芳构化程度，以及表面生成了更多的含氧官能团。

与原料相比，CS*n*中波长在3600～3200cm^{-1}之间的特征峰C—OH振动峰与1000～1460cm^{-1}之间对应的C—O伸缩振动峰（羟基、酯、醚等）的振动强度明显减弱，这种减弱通常归因于CS*n*形成过程中发生的脱水。这与XPS中H、O含量减少以及在Van Krevelen图中观察到的H/C和O/C比值的减小一致。水热碳中羟基含量的降低会导致疏水性增加，这对于固体燃料的耐湿性能和应用时的储存、处理方法至关重要。

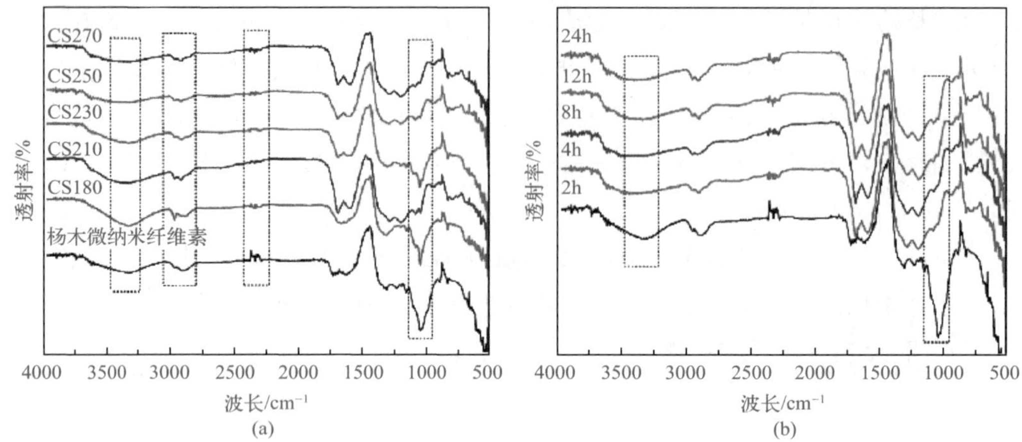

图4-7　FTIR光谱（在180～270℃、时间为12h和纤维素含量1g条件下）

与原始纤维素相比，CS*n*中在3000～2800cm^{-1}中对应于脂肪族C—H伸缩振动的峰更加尖锐，这表明HTC过程中聚合物的分解将导致在水热碳中出现脂肪族结构，而芳香族C—H平面外弯曲振动的出现表明在HTC之后出现了氢芳香族结构。由图可知，在高温条件下2h之内脱水未开始，因此也表明纤维素脱水之前需要先水解一段时间，之后才能进行。这支持了Van Krevelen图O/C和 H/C原子比发展的研究。

4.3.5　N_2吸附 - 脱附分析

作为这项工作的一部分，CS*n*的表面特性通过气体吸附技术进行了检测。图4-8（a）和图4-8（b）显示出气体吸附行为的微小变化。根据IUPAC吸附等温线分类，本研究中CS*n*的等温线为第二类型曲线，属于大孔或无孔固体。由图4-8（c）和图4-8（d）以及表4-5和表4-6的数据可知CS*n*样品由于孔隙率低而具有相对较小的比表面积，属于无孔类。在这种情况下，精确的表面积标准仅对应于外围表面。

从表4-5与表4-6中可知，随着温度的升高和时间的延长，比表面积先升高后有降低趋势，生物质含量越高，比表面积和总孔容就越大。

表4-5　不同温度与纤维素含量、时间12h条件下的比表面积与总孔容大小

温度 /℃	CS210			CS230			CS250			CS270		
生物质含量/g	2	1	0.5	2	1	0.5	2	1	0.5	2	1	0.5
比表面积/$m^2 \cdot g^{-1}$	20.59	12.95	4.00	16.49	15.18	4.01	12.53	12.44	10.93	14.06	12.04	8.74
总孔容/$cm^3 \cdot g^{-1}$	0.148	0.089	0.040	0.148	0.067	0.04	0.093	0.085	0.06	0.121	0.074	0.043

表4-6　不同时间、纤维素含量1g和温度250℃条件下的比表面积与总孔容大小

反应时长 /h	2	4	8	12	24
比表面积/$m^2 \cdot g^{-1}$	18.44	12.16	12.60	10.93	11.79
总孔容/$cm^3 \cdot g^{-1}$	0.027	0.093	0.116	0.093	0.113

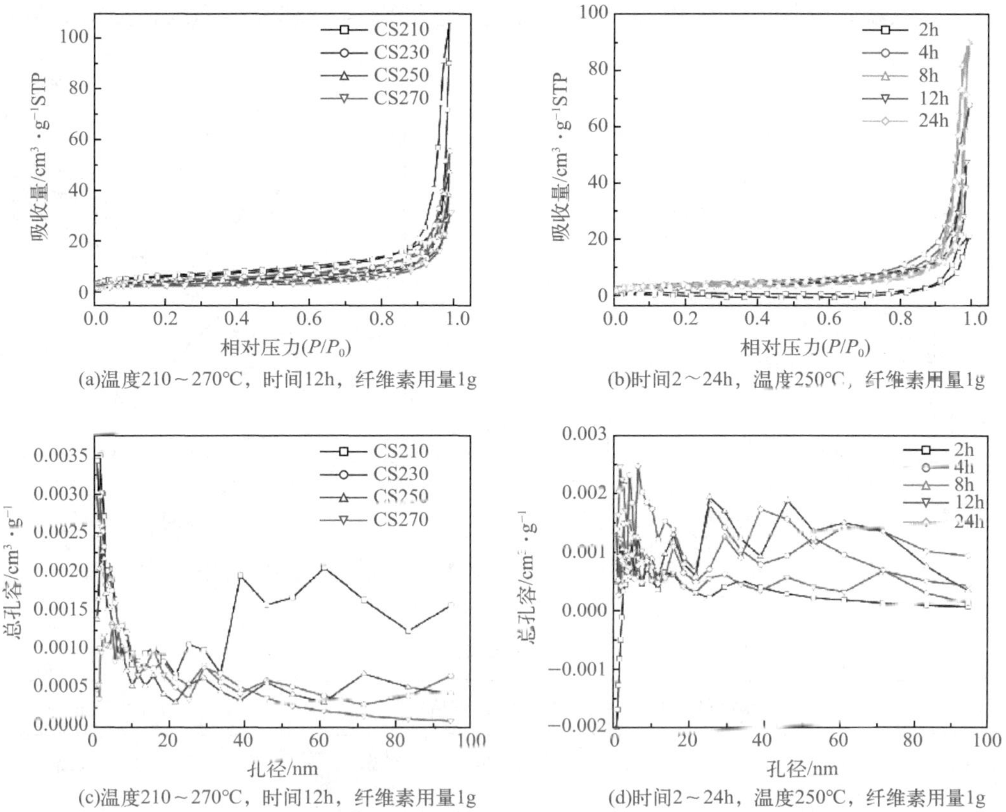

(a)温度210～270℃，时间12h，纤维素用量1g

(b)时间2～24h，温度250℃，纤维素用量1g

(c)温度210～270℃，时间12h，纤维素用量1g

(d)时间2～24h，温度250℃，纤维素用量1g

图4-8　N_2吸附-解吸等温线与孔径分布图

4.3.6　热重分析

为进一步研究水热反应温度对炭微球结构的影响，对炭微球样品进行热重分析。图4-9是不同反应温度下活性炭微球的TG曲线和DTG曲线。由TG曲线可知，CS*n*分为三个降解阶段。31～91℃左右，每个样品质量都略有下降且下降趋势基本一致，主要是由于样品中的杂质、小分子和表面吸附水的挥发引起的，失重率约为2%。约300℃以后三种样品质量都开始迅速下降，说明CS*n*耐热温度在300℃以下，这与文献报道一致。从图中可以看出，与CS230和CS250相比，CS210从大

约311～800℃时开始失重速率明显增加，热降解失重温度范围更宽，但是稳定性却低于CS230和CS250。这可能是由于CS210水热反应温度低，样品中的无定形纤维素生成的水解产物还未来得及发生聚合/缩合反应，水热碳化的材料中含有很多未转化的低聚物或简单糖类，主要以非晶态纤维素为主，因而导致其热稳定性相对于CS230和CS250来说更低一些，其碳的残留量约为7.6%。对于CS230和CS250而言，热稳定性比CS210更高一些，碳残留量分别约为53%和51%。热重分析总结见表4-7。

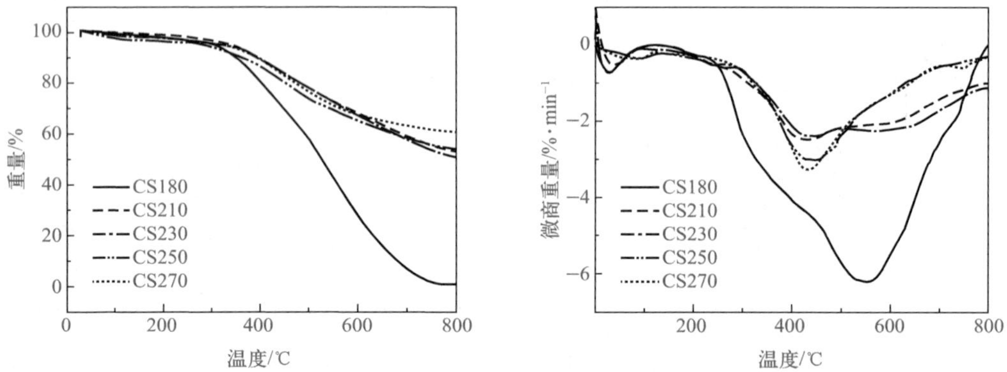

(a)TG曲线　　(b)DTG曲线

图4-9　不同温度下的活性炭微球的TG曲线和DTG曲线

表4-7　热重分析

样品	一级降解阶段		二级降解阶段		三级降解阶段	
	降解温度/℃	残余碳/%	降解温度/℃	残余碳/%	降解温度/℃	残余碳/%
CS180	30～97	98.5	311～800	10.8	768～800	0.6
CS210	30～97	99.4	342～673	59	673～800	52.1
CS230	30～97	98.5	367～673	60.5	367～673	50.1
CS250	30～97	97.5	367～673	59.9	367～673	53.3
CS270	30～97	97.5	367～673	59.5	367～673	60.3

4.3.7　拉曼分析

如图4-10所示，在1000～2000cm^{-1}范围内，典型的碳化材料受温度和时间影响的水热碳是由1379cm^{-1}和1589cm^{-1}左右处的宽带组成的。在1589cm^{-1}和

1590cm^{-1}处的能带被称为G带，是指芳香分子和烯烃分子中sp^{2}的C原子对应的平面内拉伸振动，其中，G波段（G波段通常为1580cm^{-1}）向更高的波数（1589cm^{-1}）移动。这种差异可能是由合成样品的球形结构引起的，碳原子可以排列为五角形或六角形的环。1379cm^{-1}和1375cm^{-1}处的能带称为D带，代表苯或凝聚态苯环的呼吸振动峰。这些数据揭示了水热碳中存在小的芳香族团簇，这与红外光谱观察到的材料的芳构化程度一致。

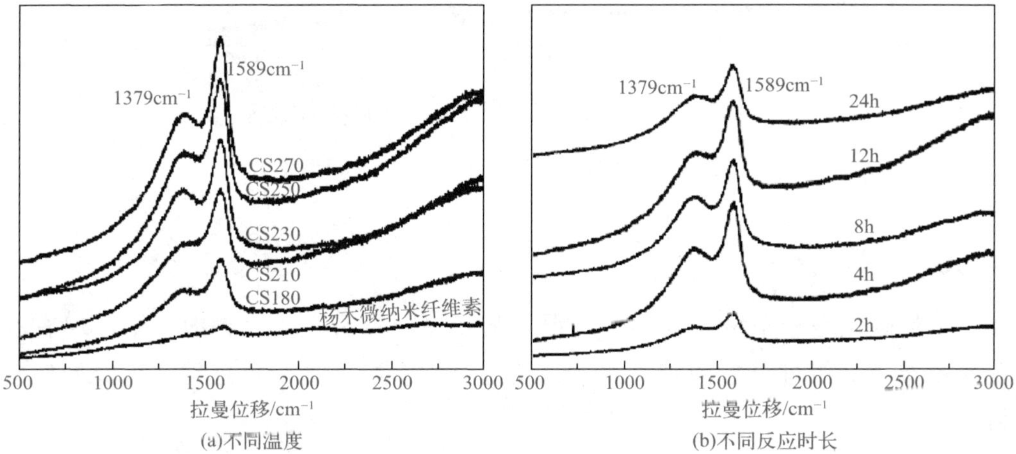

图4-10　不同温度和不同反应时长制备的水热碳的拉曼光谱

4.3.8 XRD分析

炭材料的XRD分析如图4-11所示，（a）与（b）分别显示了在温度210～270℃、时间2～24h和纤维素用量1g的条件下，HTC获得的样品中原始纤维素和炭微球的XRD图谱。

利用XRD检测了杨木纤维素和不同温度下炭微球的晶格结构，分析CSn的结构演变，结果如图4-11所示。杨木纤维素在2θ分别为16.72°、23.62°和34.98°处的特征峰，分别对应于典型的纤维素Iβ晶体的（110）、（200）和（004）平面。经水热碳化后，得到的炭微球的四个峰全部消失。CS210和CS230在22.60°处出现较宽峰，对应于（002）平面；CS250在22.6°和43.9°处出现两个较宽的衍射峰，对应于无定形碳的衍射峰，这意味着杨木纤维素的晶体结构在水热碳化过程中遭到破坏，并且在热解过程中随着温度的升高形成了一定的石墨相特征结构。

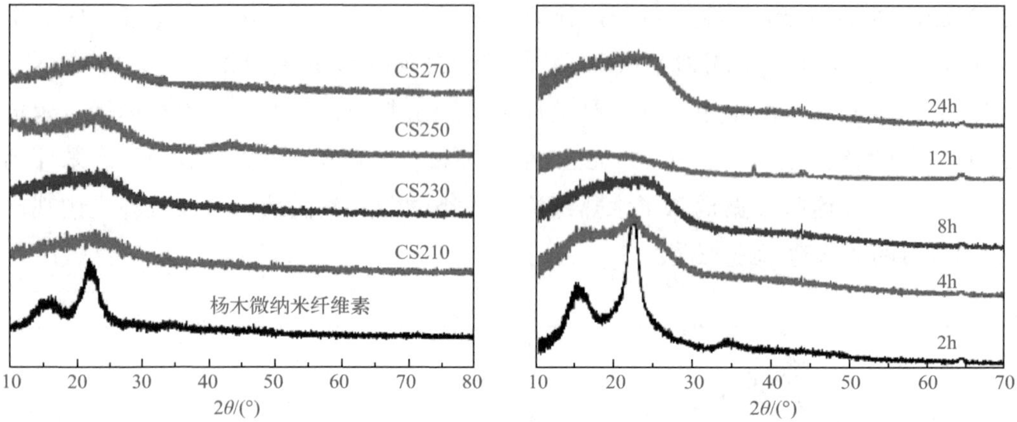

(a)温度210~270℃，时间24h，纤维素用量1g　　(b)时间2~24h，温度250℃，纤维素用量1g

图4-11　生物质原料和炭微球的XRD谱图

4.3.9　机理分析

水热碳化是一个极其复杂的过程，其间伴随着有机化合物的产生，现有的手段很难将其机理分析清楚，我们只能综合大多数文献简单总结其可能的反应机理。

第一阶段水解过程，在180～210℃条件下杨木纤维素纤维链开始发生水解，纤维素水解产生的水合离子催化杨木纤维素的进一步水解，产生不同的低聚物和葡萄糖。

第二阶段脱水过程，葡萄糖进一步脱水形成5-HMF和糠醛。

第三阶段聚合与缩合反应过程，同时会伴随着芳构化与核生长过程，5-HMF和糠醛产物分子间经过羟醛缩合以及纤维素分解/脱水过程中产生的芳香化分子的缩合（通过分子间脱水），可以产生芳香族簇，当水溶液中芳香族簇的浓度达到临界过饱和度时，发生爆聚成核。这样形成的核通过向溶液中化学物质的表面扩散而向外生长。活性氧官能团（—OH、—COOR和—C═O）可以将纤维素水解后的单体因脱水产生的—C═O基团、—C═C—键连接到炭微球的内外表面，形成稳定的醚和醌等含氧基团，这样就会形成内外表面都含有高浓度含氧基团的炭微球。

4.4　本章小结

本章以杨木纤维素为原料，通过HTC法制备炭微球。通过系统分析证实温度是影响炭微球形成的主要因素。温度250℃、时间12h、纤维素用量1g时产生的炭微球表面光滑，分散度高，颗粒均匀。通过元素分析可知碳含量高达75%，理论计算的HHV为29.4MJ·kg^{-1}，H/C和O/C原子比相对于起始材料有很大差异，拉曼、XRD、FTIR、XPS和Van Krevelen图证明经过脱水、脱羧、聚合、缩合和芳构化这些反应过程形成了具有富氧官能团的无定形炭微球。

第五章 纤维素炭微球的吸附性能及再生性研究

5.1 引言

炭微球作为一种新型的碳材料，具有多种含氧官能团的化学特性，其中，优异的导电性使得炭微球在吸附剂、催化载体、能源存储等方面获得了深入的研究和广泛的应用。

本书第四章讲解了优化制备炭微球作为吸附剂的相关内容，本章继续深入研究炭微球在水污染处理方面的优势和价值。以MB作为污染物模型，详细探讨炭微球吸附MB的影响因素、吸附动力学和等温线模型，并深入分析相应的吸附机理。关于吸附再生也是一个有难度的课题，我们将吸附MB后的炭微球直接热解制备含氮掺杂炭微球，通过简单的实验证明，碳化吸附MB后的炭微球的导电能力比没有吸附之前明显提高，这使得炭微球能实现吸附与导电的双重应用，图5-1为杨木纤维素炭微球的制备与应用流程图。

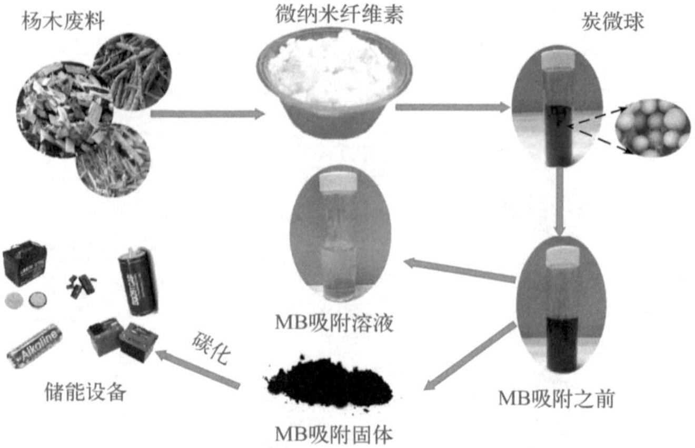

图5-1 杨木纤维素炭微球的制备与应用流程图

5.2 试验部分

5.2.1 试验材料

本章使用的试验原料与试剂见表5-1。

表5-1 试验原料与试剂

试剂名称	规格（纯度）	生产厂家
无水乙醇	≥99.7%（质量分数）（AR）	阿拉丁试剂（上海）有限公司
氢氧化钠	分析纯/AR	阿拉丁试剂（上海）有限公司
冰醋酸	分析纯/AR	阿拉丁试剂（上海）有限公司
双氧水	分析纯/AR	阿拉丁试剂（上海）有限公司
稀盐酸	20%（质量分数）（AR）	阿拉丁试剂（上海）有限公司
纯水	—	自制
杨木	—	木工厂废弃杨木
MB	分析纯/AR	阿拉丁试剂（上海）有限公司
NaCl	分析纯/AR	阿拉丁试剂（上海）有限公司

5.2.2 试验设备

本章使用的试验设备见第二章表2-2。

5.2.3 试验步骤

杨木取自本地木工厂的废弃木块，清洗干净，在90℃烘箱中干燥48h，密封保存备用。

杨木纤维素的制备：详见第四章4.2.3。

杨木纤维素水热碳化的制备：将1g杨木纤维素原料溶解在60mL去离子水中并超声10min，随后将混合液转移到容积为100mL的聚四氟乙烯内衬的反应釜中，将反应釜放入加热炉中分别加热到210℃、230℃及250℃恒温12h后取出，自然冷却至室温。得到的黑色固体产物通过过滤收集，再用去离子水和无水乙醇洗涤至溶液澄清。最后，将产物放入烘箱中80℃恒温干燥一夜，并分别标记为CS*n*（*n*=210、230、250）。

5.2.4　热解吸附 MB 后的炭微球

将吸附MB后的样品不清洗直接过滤回收固体产物，在温度为80℃的恒温干燥箱中干燥24h，然后放入管式炉中，在N_2氛围下，以5℃·min^{-1}的速率分别升温至600℃与900℃，并保持2h，标记为CCM。

5.2.5　零点电荷（pH_{PZC}）测定

零点电荷是确定炭微球表面酸碱性的参数，可以确定炭微球样品表面的等电位点。具体测定方法为：将0.5g活性炭加入一系列装有50mL一定浓度的NaCl溶液的锥形瓶中，用NaOH或者HCl调节初始pH值，放在恒温振荡器上振荡2h后，静置24h，取上层清液，测定溶液的pH值，并标记为pH $initial_0$。最后以pH initial为横坐标，以pH initial−pH $initial_0$的差值为纵坐标绘图。材料pH_{PZC}即为所得曲线与X轴的交点。

5.2.6　吸附试验研究

5.2.6.1　吸附平衡试验

以去离子水为溶剂，配制MB的初始浓度C_0（150～600mg·L^{-1}），各量取50mL分别放入100mL锥形瓶中，然后分别加入50mg炭微球样品，封口，将混合液在25℃恒温摇床中振荡一定时间。抽取上层清液并用0.45μm的滤膜过滤。炭样品对MB的吸附量用紫外分光光度计（TAS-990，普析，中国）测定，测试其在665nm处的吸收峰。用CS@MB表示CS210吸附MB后的样品。根据标准曲线计算吸附质溶液的浓度，并计算吸附量。吸附量q（mg·g^{-1}）可用公式（2-5）计算。

5.2.6.2　炭微球吸附 MB 影响因素试验

向一系列100mL的玻璃瓶中加入50mL MB溶液，加入50mg制备好的CSn，分别改变溶液pH值（3～11）、吸附温度T（25～40℃）、离子强度NaCl（0～0.5mol·L^{-1}），将玻璃瓶密封后置于恒温摇床中，振荡速度为200r·min^{-1}，直至吸附达到平衡。抽取上层清液并用0.45μm的滤膜过滤，采用公式（2-5）计算MB的吸附量。

5.2.6.3　炭微球吸附 MB 等温线试验

取50mL一系列C_0为150～600mg·L^{-1}的MB溶液于50mL玻璃瓶中，其中，控制T为25℃、35℃、40℃，CSn质量为50mg，密封后于恒温摇床中以200r·min^{-1}的

速度振荡2h至吸附平衡。样品处理和测定方法同吸附影响因素试验。

5.2.6.4 炭微球吸附 MB 动力学试验

量取50mg的CS*n*作为吸附剂，将其加入150mg·L^{-1}、200mg·L^{-1}、300mg·L^{-1}浓度的染料溶液中，然后将混合液在25℃恒温摇床中振荡，振荡速度为200r·min^{-1}，每隔一定时间取出5mL溶液，并用0.45μm的滤膜过滤。测定取出这一刻的浓度，至溶液浓度不再变化。

5.2.6.5 吸附动力学模型

详见第三章3.2.4.5。

5.2.6.6 吸附等温线模型

详见第二章2.2.5。

5.2.7 测试与表征

扫描电镜（SEM）测试：将试样用导电胶固定在专用样品台上，然后对其进行喷金处理。采用粒径计算软件测量和统计产物的粒径分布；用日立S-3400 N型扫描电镜观察样品微观形貌，加速电压为10kV。

傅里叶变换红外光谱测试（FITR）：使用Nicolet Magna-IR 750型傅里叶变换红外光谱仪进行测试，对样品表面官能团进行分析。采用KBr压片制备试样，扫描范围为400～4000cm^{-1}，分辨率为4cm^{-1}。

N_2吸附-脱附测试：利用全自动比表面积及孔隙度分析仪（Autosorb-IQ-MP）对样品多孔结构进行表征，测量范围为孔隙度3.5～5000Å；比表面积＞0.0005m^2·g^{-1}。

X射线衍射（XRD）测试：使用ESCA-14型XRD衍射仪对样品进行结晶度和晶型结构分析，铜靶测试，波长λ为0.154nm，扫描速度为4min^{-1}，扫描范围2θ为10°～80°。

X射线光电子能谱（XPS）：在Thermo ScientificTM K-AlphaTM$^+$光谱仪上进行测试，该光谱仪配备单色Al Kα X射线源（1486.6eV），工作功率为100W。

热重分析（TG）：利用PE STA8000型热重分析仪对样品进行热性能分析，热重分析范围为15～1000℃，升温速度0.1～100℃·min^{-1}。

电导率测试：利用四探针电阻率仪（SDY-4，中国）测试制备固体样品的比电导率。

5.3 结果与讨论

5.3.1 形貌分析

图5-2（a）～（d）为在不同温度下制备得到的CS*n*样品的扫描电镜图，图5-2（e）～（h）为尺寸分布柱状图。当制备温度为210℃时，样品CS呈现零星的大小不一的球形形貌，还伴随着许多絮状物质，其絮状物局部放大后如图5-2（b）所示，是未形成类球形的扁状颗粒，还没有单独脱离主体，粒径分布范围在13～240nm之间。如图5-2（c）所示，随着温度的升高，不同尺寸小球的粒径逐渐增加，小球数量也大大地增加，但是絮状物仍然存在，粒径尺寸分布仍然较宽。当温度升高到250℃时，制备的样品粒径较为均匀一致，小球很明显地相互融合，分散性好，絮状物已经脱离主体变成规则的微球，絮状物明显减少，但并未完全消失，粒径分布尺寸变得更加宽广。

(a)CS210 (b)CS210局部放大图

(c)CS230 (d)CS250

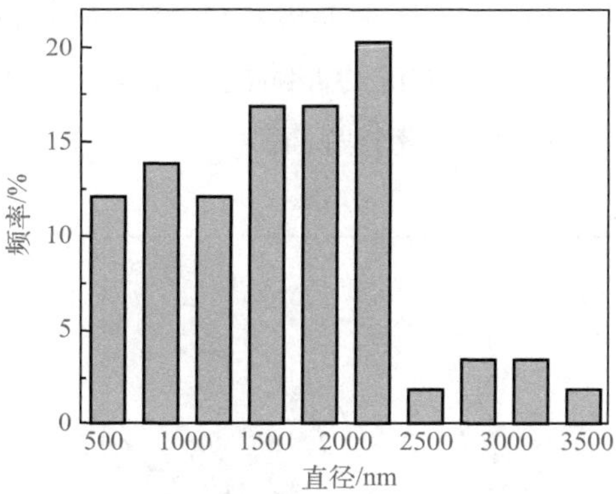

(e)CS250在不同温度下的尺寸分布柱状图

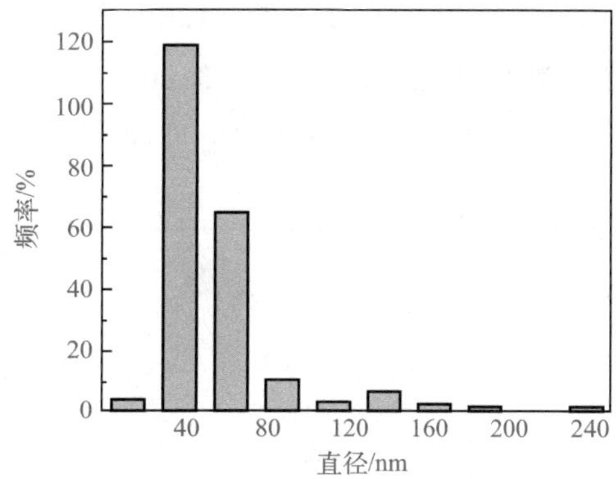

(f)絮状物在不同温度下的尺寸分布柱状图

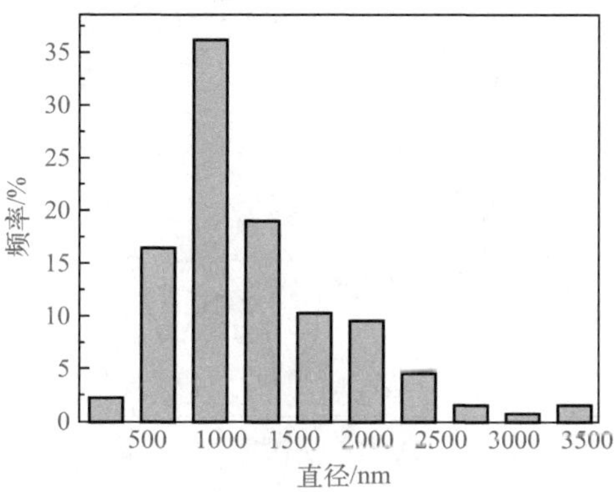

(g)CS230在不同温度下的尺寸分布柱状图

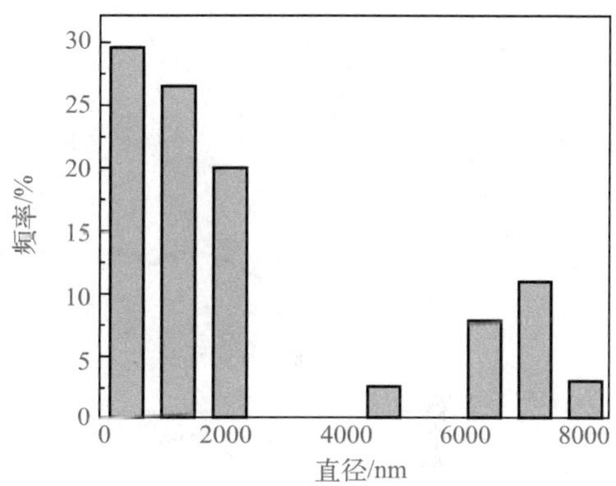

(h)CS250在不同温度下的尺寸分布柱状图

图5-2　SEM图

5.3.2　FTIR分析

从图5-3中可以看出，每个样品均在3500～3300cm^{-1}处出现宽的吸收峰，为C—OH的伸缩振动吸收峰，在原料中是纤维素，在CS*n*样品中是醇或酚，随着反应时间的增加，峰强度变小变窄并向高波数偏移，说明水热反应过程中有部分羟基发生脱水反应。3000~2800cm^{-1}范围内为脂肪族C—H键的伸缩振动峰。1731cm^{-1}和1693cm^{-1}处的吸收峰对应于纤维素、CS*n*及CS@MB上的羰基、醌、酯或羧基的C═O伸缩振动峰，随着水热反应的进行，C═O峰向低波数方向移动，该移动源于形成的芳香环与羧基官能团形成共轭体系，或者羧基的共轭性被破坏，进一步证实了水热过程中形成了芳香结构。1450～1200cm^{-1}范围内为脂肪族、亚甲基和甲基的C—H连环引起的面内弯曲振动峰，同时，在1292cm^{-1}处的C—H峰吸收增强，说明随着反应的进行，有更多的碳水化合物生成，在1374cm^{-1}处观察到O═C—O基团的存在。1200～950cm^{-1}是酯基、苯酚和脂肪醇中O—C—O中的C—O伸缩振动吸收峰，1035cm^{-1}是纤维素环上C—O—C键的伸缩振动吸收峰，其变弱表明纤维素因发生水解反应而导致链上的C—O—C键分解断裂。

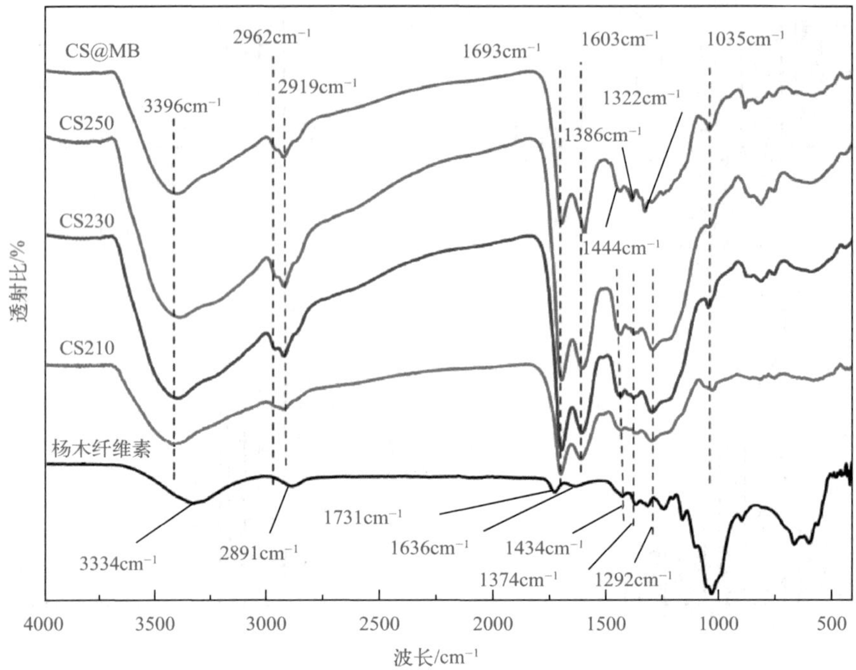

图5-3　FITR图（杨木纤维素、CS210、CS230、CS250和CS@MB）

CS@MB与未吸附之前的CS210相比，峰形变弱，说明CS210在吸附MB的过程中发生了一定的化学反应，消耗了C═O官能团。1636cm^{-1}和1603cm^{-1}处CS@MB相对于CS210也变得窄且更加尖锐，这说明CS210上的芳香环通过π-π键作用力吸附MB分子。在900～650cm^{-1}处，CS@MB相对CS210而言峰形变尖锐变窄，进一步说明CS210与CS@MB之间形成π-π键作用力。CS@MB在1322cm^{-1}处的C—H峰向高波数移动并且变得更加尖锐则说明吸附MB后含有亚甲基官能团。

5.3.3　XPS与元素分析

XPS与元素分析用于研究杨木纤维素表面官能团组成及元素的变化，如图5-4和表5-2所示。表面元素组成表明CS*n*中碳含量随着温度的升高而逐渐增加。CS*n*的C 1s谱图能够被拟合成四条曲线，如图5-4（a）和（b）分别属于脂肪族或者芳香族官能团（C—H，C—C，C—C）（284.8eV±0.3eV），醇基、醚基、羟基官能团（C—O—R）（286.5eV±0.4eV），羰基官能团（C═O）（288eV±0.5eV），羧酸或者内酯官能团（—COOR）（289eV±0.5eV）。水热处理后，C—H、C—C和C—C官能团的特征信号峰明显增强，成为主要的官能团。结合CS*n*的高碳含量，表明形成了具有芳香结构的浓缩碳质材料。在高分辨率O 1s谱图中，拟合曲线表明产物表面

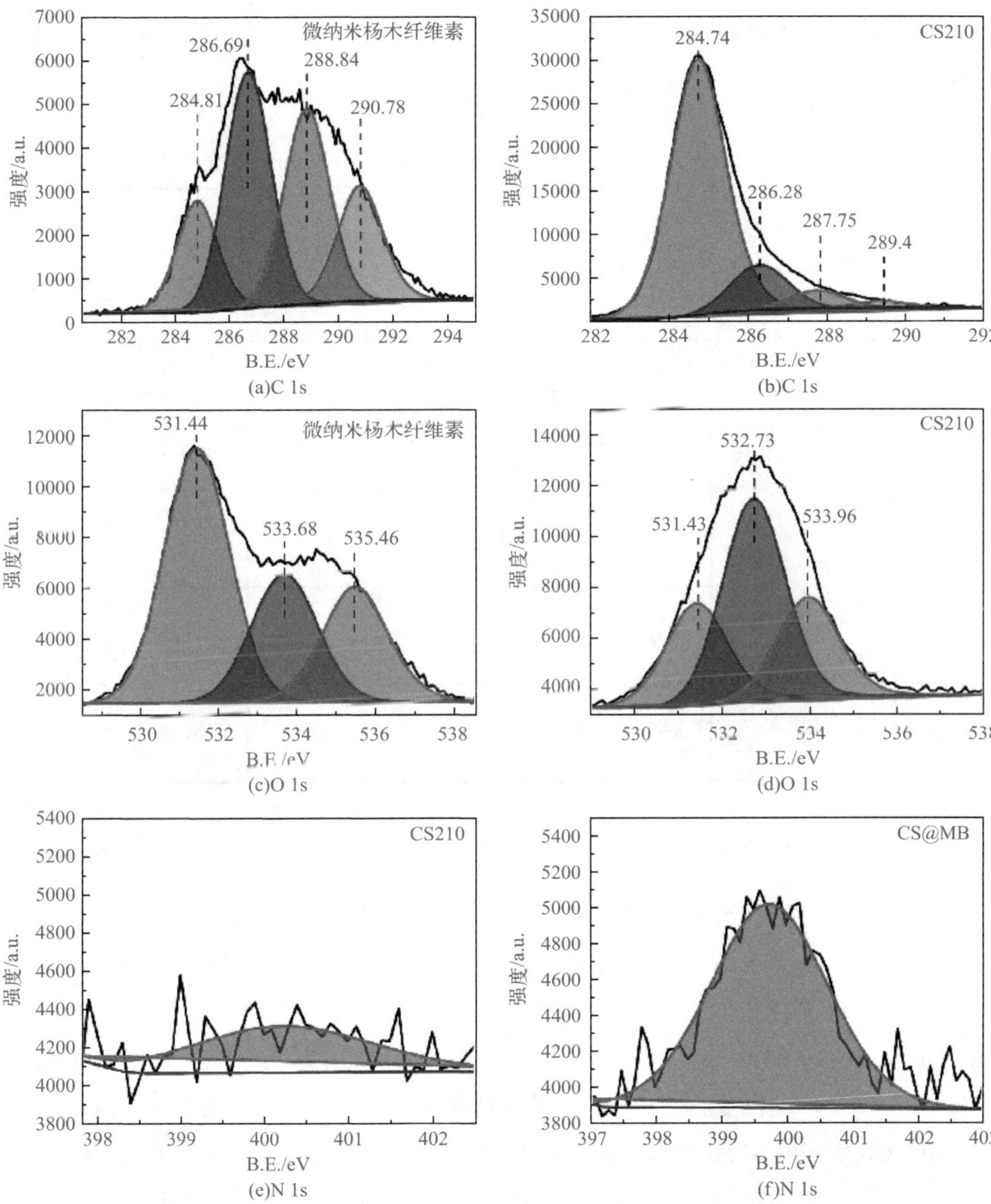

图5-4　杨木纤维素、CS210及CS@MB样品的高分辨XPS谱图

有大量含氧官能团存在，分别为—OH、C—O—C（531.43eV），C—O（532.73eV）和—O—C—O（533.96eV）。经过水热处理后，CS*n*的O含量明显降低，主要源于发生的一系列醚键断链、脱水、脱羧基等反应。由表5-2可知，随着温度升高，含氧官能团含量也明显下降，从CS210与CS@MB含氧官能团含量的对比来看，C═O含量降低，说明它们之间发生了化学反应，以上与红外分析的结果相一致。CS210的N 1s谱显示其拟合峰强度明显小于CS@MB的拟合峰，表明N元素的掺杂量明显增加。

表5-2　炭微球的元素含量、官能团的氧原子含量及产率

样品	元素测试分析（质量百分比）所得元素含量/XPS分析（原子百分比）所得元素含量				XPS测定的含氧官能团的氧原子百分比			产率/%
	C	O	H	N	—OH	C═O	—COOR	
CS210	67.44/70.54	20.74/14.93	4.38	0.21/0.7	3.79	7.46	3.68	33.45
CS230	69.18/71.13	19.58/11.9	4.52	0.19/0.71	3.21	4.94	3.75	35.23
CS250	70.86/70.18	18.61/10.57	4.51	0.12/0.6	3.3	3.73	3.54	37.49
CS@MB	69.44/70.55	20.13/14.23	4.59	0.53/2.81	3.5	5.77	4.96	—

5.3.4　N_2吸附-脱附分析

生物炭材料的表面特性通过N_2气体吸附技术进行了检测。根据IUPAC吸附等温线分类，从图5-5中可以看出，生物炭的等温线显示了第二类型曲线，这说明炭微球是实心球。生物炭样品CS210、CS230和CS250的BET表面积分别为24.26$m^2 \cdot g^{-1}$、19.02$m^2 \cdot g^{-1}$和18.01$m^2 \cdot g^{-1}$，总孔容为0.195$cm^3 \cdot g^{-1}$、0.152$cm^3 \cdot g^{-1}$、0.114$cm^3 \cdot g^{-1}$，随着温度的升高，呈减小的趋势。由于合成方法和材料相同，CS210、CS230和CS250的水热碳的比表面积和孔容大致相同。它们具有相对较小的比表面积，部分原因是致密颗粒因相互间的静电作用力而吸附堆积，进而降低了孔隙率。

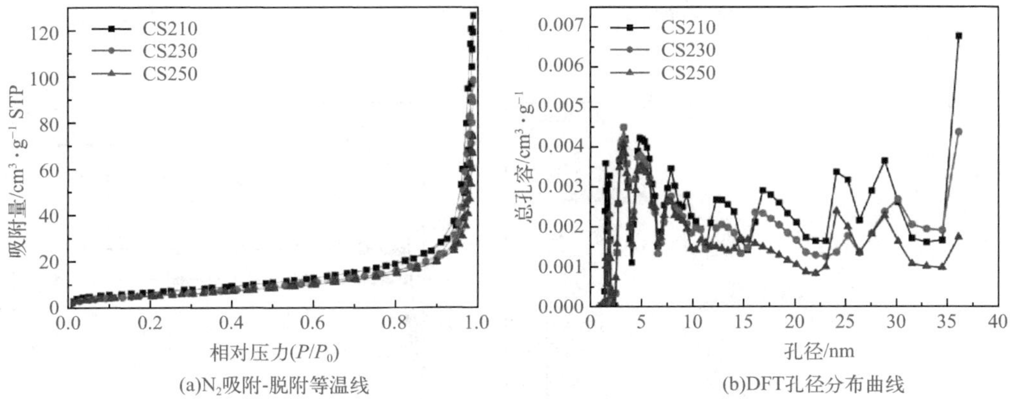

图5-5 N_2吸附-脱附等温线和DFT孔径分布曲线

5.3.5 最优吸附剂的选择、吸附时间、MB初始浓度的影响

吸附一般分为两种途径：由多孔结构主要作用的物理吸附以及由表面官能团作用的化学吸附。本实验制备样品CS*n*比表面积和孔容相对较小，CS210、CS230和CS250分别为$24.261m^2·g^{-1}$、$19.018m^2·g^{-1}$、$18.005m^2·g^{-1}$和$0.089cm^3·g^{-1}$、$0.071cm^3·g^{-1}$、$0.057cm^3·g^{-1}$，远远低于传统的炭微球（约$1000m^2·g^{-1}$，约$1.0cm^3·g^{-1}$）。而这三种CS*n*作为吸附剂，由于比表面积以及官能团含量不同，致使三种材料的吸附能力也有所差别，其中图5-6（a）中数码图编号分别代表：1号为未添加任何吸附剂，2号、3号以及4号分别为添加作为吸附剂的CS210、CS230和CS250吸附MB之后的效果。随着温度的升高，吸附能力逐渐下降，主要原因为随着温度升高，比表面积减小，含氧官能团也相应减少，因此吸附MB的量也随之降低。鉴于此，本研究选择CS210作为主要吸附剂研究对象对MB染料进行研究。

吸附时间是衡量吸附剂吸附性能以及实际应用的一个重要指标。如图5-6（b）所示，在初始阶段，CS210吸附MB非常快，在t=5min时，MB的吸附量可达$132.67mg·g^{-1}$（$150mg·L^{-1}$）、$144.74mg·g^{-1}$（$200mg·L^{-1}$）、$254.89mg·g^{-1}$（$300mg·L^{-1}$）。这是因为吸附初期CS210可以提供大量空的吸附位点，并且溶液中MB的浓度很高，与材料表面的浓度差大，有利于吸附过程的发生。随后吸附过程变慢，是由于材料表面的吸附位点减少，液相中游离的MB分子和吸附在CS210上的MB分子会产生斥力，导致MB吸附量增加缓慢。最终吸附过程在80min时达到平衡。另外，从图5-6中可以看出，随着C_0的增大，MB吸附量逐渐增大，是因为高的C_0可以提供一个至关重要的驱动力来克服MB分子在水相和固定相的传质阻力，使MB分子与CS*n*的有效碰撞概率增加，从而使吸附量增加。上述结果说明C_0

对MB的平衡吸附量有很大影响。

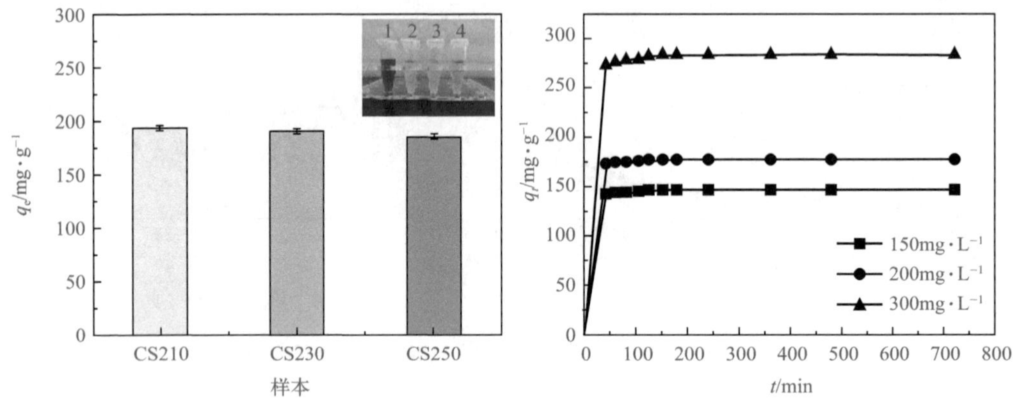

(a) CSn的影响　　(b)吸附时长的影响

图5-6　CSn与吸附时长对MB吸附量的影响

5.3.6　溶液pH值与离子浓度的影响

从图5-7（a）可以看出，随着溶液pH值由3.0升高至11，CSn对MB的吸附量在pH值3～8之间变化不明显，吸附量为153.4～154.4mg·g^{-1}。在pH值8～11之间呈上升趋势，尤其是10以上时，吸附量增加速率非常显著，在pH值为11时，吸附量达到195.3mg·g^{-1}。因此证明碱性条件下更适合CS210吸附MB。

通过NaCl金属盐的添加来考察盐度对染料吸附的影响，水中盐离子浓度对碳吸附染料的影响如图5-7（b）所示。从图中可以看出，碳的吸附量随着盐离子浓

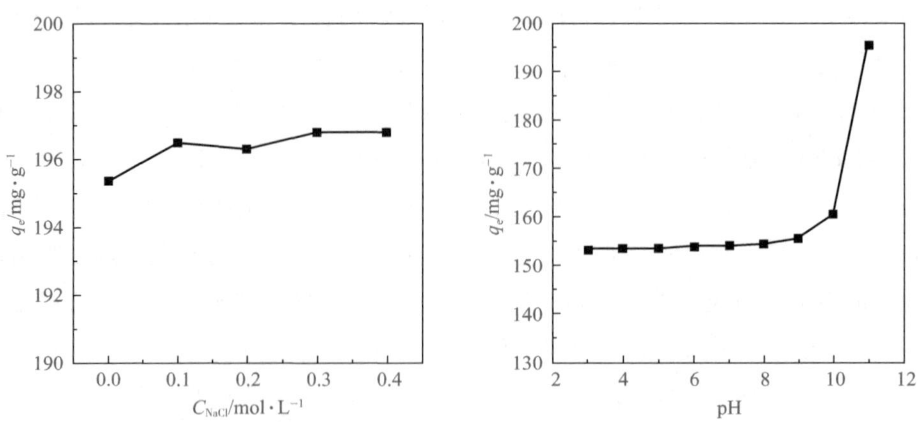

(a) 盐离子浓度的影响　　(b)溶液pH值的影响

图5-7　溶液pH值和盐离子浓度对MB吸附量的影响

度的增加而略有增加。产生的原因可能是随着盐度的增加会增加分子间的相互作用力，从而导致分散在水溶液中的染料分子的聚合。另外一个原因可能是盐度的增加会降低染料离子间表面电荷的屏蔽效应，进而降低吸附剂和染料分子间的排斥力，有利于吸附过程的发生。

5.3.7 吸附动力学与等温线分析

吸附动力学模型研究可以较准确地分析废水中的目标污染物向吸附剂迁移的速度，同时也可以为推测吸附机理提供有力的证据。我们按照准一级动力学方程和准二级动力学模型方程的线性形式，对该CS*n*对MB的吸附过程进行拟合，所得结果见图5-8（a）～（c），计算出的动力学参数见表5-3。由上述结果可知，准二级动力学方程相关系数R^2（≥0.9913）比准一级动力学的R^2（≤0.7628）高，说明准二级动力学更适合描述该吸附过程。当C_0为150mg·L^{-1}、200mg·L^{-1}、300mg·L^{-1}时，CS*n*对MB的平衡吸附量$q_{e,\ exp}$分别为147.11mg·g^{-1}、182.5mg·g^{-1}、272.56mg·g^{-1}，准一级动力学方程计算的吸附量q_e分别为145.76mg·g^{-1}、194.05mg·g^{-1}、281.51mg·g^{-1}，而准二级动力学计算出的为148.627mg·g^{-1}、195.145mg·g^{-1}、284.22mg·g^{-1}，非常接近实验值，进一步说明该过程符合准二级动力学。另外，随着C_0的增加，准二级反应速率常数k_2逐渐减小。这是由于高C_0时，MB对CS210表面吸附位点的竞争使k_2减小，准二级动力学是基于控速步骤为化学吸附的假设，吸附质和吸附剂之间发生电子的转移、共有和交换作用。因此，可以初步判断CS210对MB的吸附主要涉及化学作用。

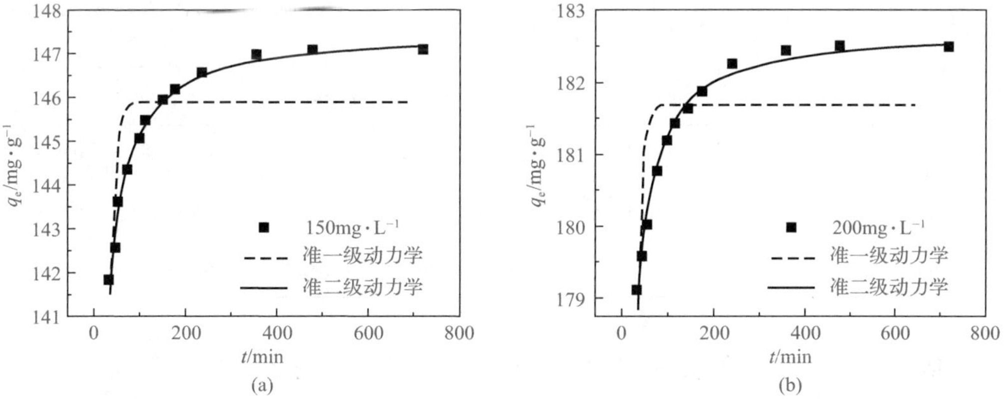

图5-8

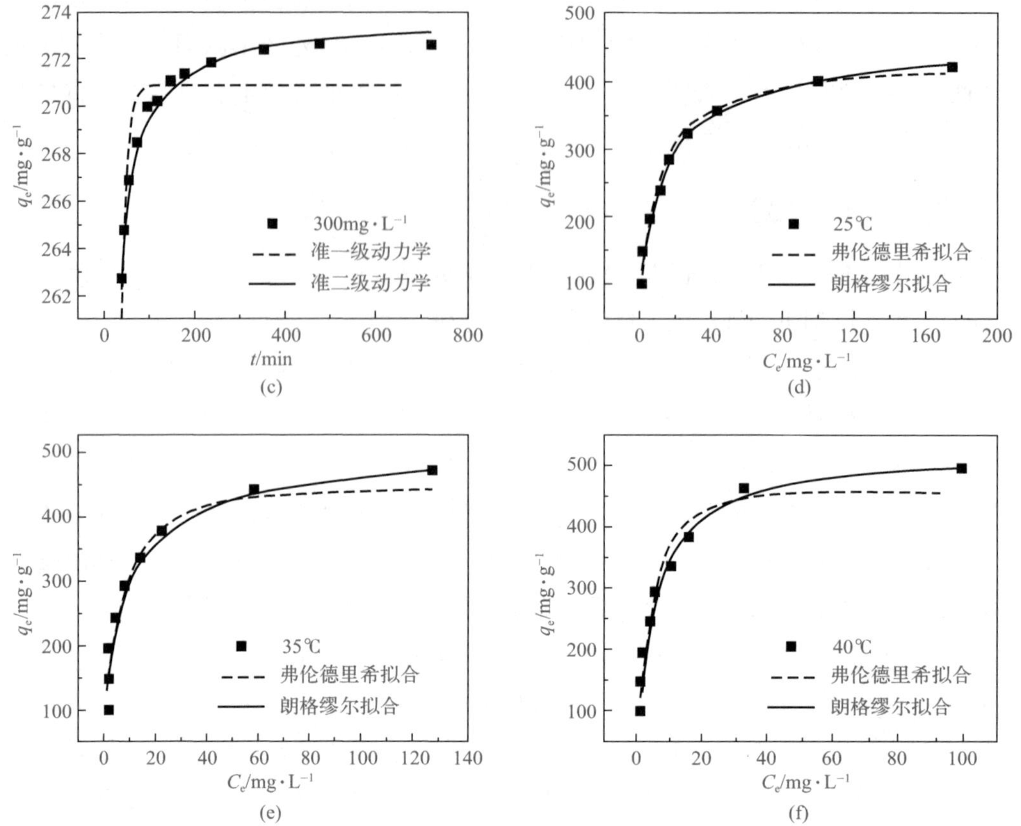

图5-8 准一级、准二级动力学模型与Freundlich、Langmuir等温模型

表5-3 CS210吸附MB的动力学模型参数

C_0/mg·g^{-1}	$q_{e,exp}$/mg·g^{-1}	准一级动力学模型			准二级动力学模型		
		q_e/mg·g^{-1}	K_1/min^{-1}	R^2	q_e/mg·g^{-1}	K_2/min^{-1}	R^2
150	147.11	145.76	0.0662	0.7442	148.627	0.00205	0.9951
200	182.5	194.05	0.102	0.5567	195.145	0.00631	0.9919
300	272.56	281.51	0.0833	0.7628	284.22	0.0022	0.9913

吸附等温线可估算吸附剂材料的最大吸附量，并且可提供吸附机理相关的信息。按照Langmuir模型和Freundlich模型方程的线性形式，对该吸附过程进行拟合，结果见图5-8（d）～（f），相关参数见表5-4，可知，Langmuir模型拟合的R^2值高于Freundlich模型拟合的R^2值，说明Langmuir模型更适合描述CS210对

MB的吸附过程，该过程为均质吸附剂表面的单分子层吸附，表中的R^2值处于0～1之间，进一步证明此吸附过程为单分子层吸附。另外，Freundlich等温线模型参数中的n值介于1～10之间，说明MB在CS210上的吸附属于最优吸附。吸附量是吸附应用研究中最重要的一个物理量，对于了解吸附剂与吸附质的作用、吸附剂的优劣等有非常重要的意义。按照Langmuir吸附等温线模型方程计算出CS210对MB的最大单层吸附量q_m=482.91mg·g^{-1}（25℃）、536.61mg·g^{-1}（35℃）、536.64mg·g^{-1}（45℃），可以看出随着吸附温度的升高，q_m逐渐升高，表明高温对吸附过程有利，但是当温度升到40℃及以上时，吸附量基本不再增加。

表5-4　CS210吸附MB的等温线模型参数

T/℃	Langmuir 模型			Freundlich 模型		
	q_m/mg · g^{-1}	K_L/L · mg^{-1}	R^2	K_F	n	R^2
25	482.91	0.2128	0.9871	430.87	0.49102	0.96597
35	536.61	0.2483	0.9712	452.86	0.9588	0.89849
40	536.64	0.2479	0.9806	463.96	1.4412	0.88967

5.3.8　CS@MB碳化后的导电性能分析

图5-9显示出吸附MB之前和之后，以及在不同温度条件下电导率的变化趋势。CSn及吸附MB之后的CS@MB电导率只有0.13S·m^{-1}和0.32S·m^{-1}，当将其在500℃温度下活化后，没有吸附MB时，电导率为10.9S·m^{-1}，而吸附MB之后电导率明显升高至12.4S·m^{-1}。当活化温度升至900℃时，吸附MB之后的炭微球导电性增加至87.5S·m^{-1}。这主要源于结构的重组，高温条件下能够生成紧密的芳香结构和类石墨结构，该结构有利于形成高的导电性。另一方面，高温碳化能够增加结晶相和晶粒的尺寸，同时离域电子数量增加，导致电阻率下降，因此形成高比电导率。通过XPS分析可知，吸附MB之后的样品N含量增加，而N的掺杂对制备样品的结构有明显影响，进一步影响了样品的导电性。含氮官能团具有碱性性质，体现出给电子的特性，直接影响制备水热碳的电子能带结构，使导电性升高。

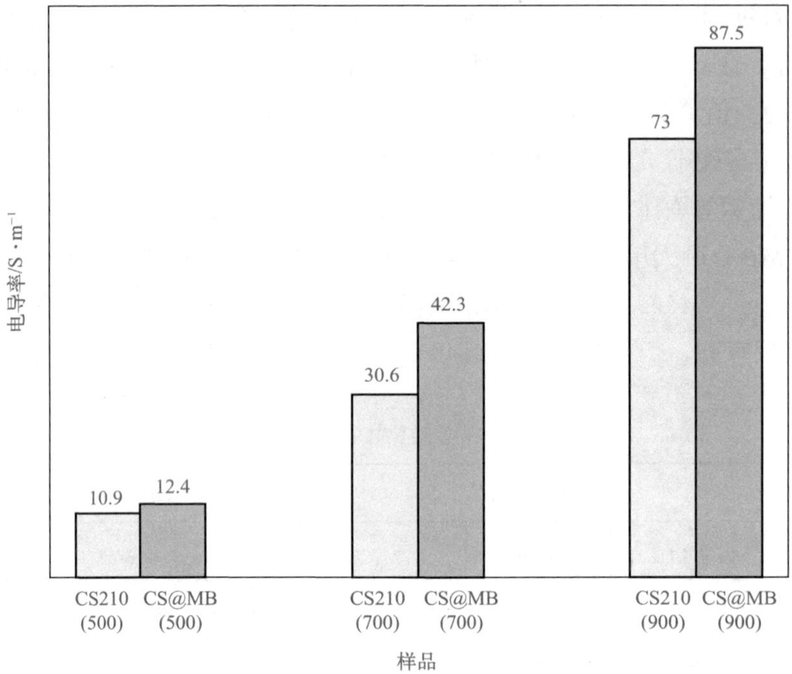

图5-9　样品电导率图

5.3.9　吸附机理探讨

根据各种影响因素对吸附MB过程的研究以及通过红外和XPS等手段对CS*n*的物理化学结构的分析，并结合MB分子结构推断出CS*n*吸附MB的可能机理如图5-10所示。CS*n*随着温度的升高，比表面积减小，含氧官能团也相应减少，可以排除材料孔结构和比表面积对MB吸附的影响。因此，在温度相对较低的条件下制备的CS210吸附MB的效果要远比CS250的效果好得多，关键原因是CS210表面存在的含氧官能团要远比CS250表面的含氧官能团多，比如C═O、COOR等，这些基团可以通过静电引力来吸附MB分子，这是CS*n*吸附MB的主要机制，与其他报道的炭微球吸附MB的机理相一致。另外，从本研究中pH值对CS*n*吸附MB影响的结果可以看出，在pH=6.4时，材料对MB的吸附量为153.4mg·g^{-1}，而此时材料与MB分子间的静电引力已不是吸附过程的驱动力，因此可得出还有其他作用力或材料中的特殊结构参与了该吸附过程。通过红外和XPS以及XRD分析可知，CS*n*中存在一些芳香环结构，同时材料已经有一定程度的石墨化结构，含有自由的π电子，MB分子为含有芳香环的平面分子，其中含有π电子结构，红外分析可知CS@MB芳香环骨架C═C的伸缩振动峰变得窄而尖锐，这可能是由于CS210上的苯环与MB的苯环结构形成了π-π键作用力；通过红外和XPS分析可知CS*n*表面含有丰富的—COOH和—OH等含氧的负电基团，这些基团可与MB分子中的氮原子形成氢键，因此CS*n*可通过氢键作用力来吸附部分MB。除此之外，范德华力也在吸附过程中起到一定的辅助作用。但是从整体上来看，含氧官能团，尤其是羧基官能团含量的变化比较大，这说明静电引力在起主导作用。因此可以得出，通过提高CS*n*表面含氧官能团的含量，可以大大提高对MB的吸附能力，同时也证明了CS*n*吸附MB的主要机理是表面含氧官能团在起主导作用。

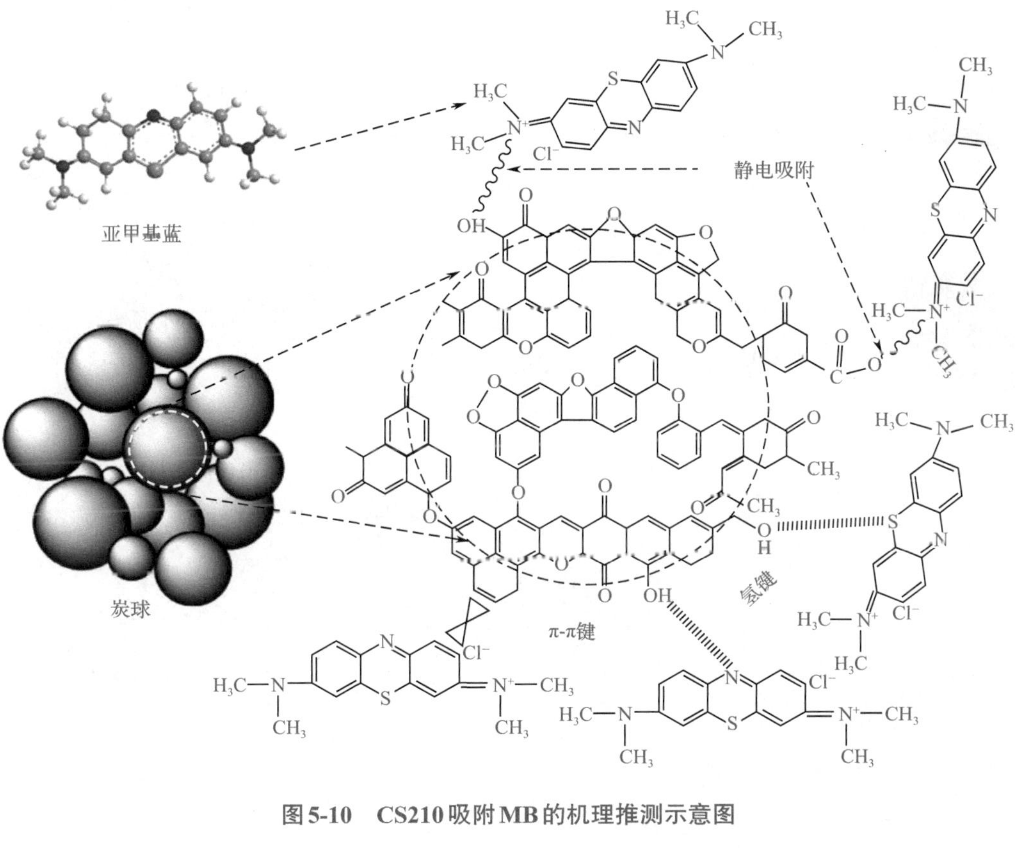

图5-10　CS210吸附MB的机理推测示意图

5.4　本章小结

以利用工厂废弃杨木制备出的微纳米杨木纤维素作为原料，在不添加任何有毒试剂的情况下，采用水热碳化法制备绿色环保可持续的生物炭微球。炭微球表面含有多种含氧官能团，具有稳定的化学活性，主要吸附过程的吸附机理推测为：

静电吸附为主，氢键结合，π-π键作用力以及范德华力协同吸附。符合伪二级动力学模型和Langmuir单层吸附模型，最大吸附量272.56mg·g^{-1}。随着制备样品温度的升高，含氧官能团的含量降低，因此低温下制备的样品吸附MB的能力较强，这也再一次证明了含氧官能团对MB吸附性能的影响。吸附MB后的炭微球经热解后成为N掺杂的功能碳材料，可以应用于储能领域。